III

EL SISTEMA DE PRODUCCION DE CANON

EL SISTEMA DE PRODUCCION DE CANON

Implicación creativa del personal

Compilación de la Japan Management Association

ERNST & YOUNG

Fotocomposición y montaje: M: Grondona - Tel. 656 28 30
Impresión: VILLENA, A. G.
ISBN: 84-87022-69-3
Depósito legal: M.-13128.–1991

Prólogo de la compañía editora de la edición en inglés

En los últimos años, he estado 15 veces en Japón en misiones de estudio acompañando a ejecutivos americanos investigando lo que hacen las compañías japonesas para haber llegado a ser líderes mundiales en calidad y productividad.

Durante mucho tiempo no entendí la increíble transformación que había tenido lugar en estas pequeñas islas cercanas a la costa de China. Muchos de nosotros seguíamos teniendo la creencia de que los artículos producidos en Japón eran inferiores. Quizá nuestra victoria en la guerra nos dio un falso sentimiento de superioridad que nos ha conducido a ignorar la creatividad e ingenuidad de la gente japonesa.

La historia del éxito japonés es sorprendente – y mucho de ello se refleja en este libro. ¿Qué es lo que han hecho los japoneses? Podemos verificar, por ejemplo, los avances tecnológicos de Canon en cámaras de alta precisión, equipos, tecnología de láser y máquinas de oficinas. Sin embargo, sería atribuir su éxito solamente a un desarrollo superior del producto. También los Estados Unidos han probado tener una alta capacidad de innovación tecnológica y desarrollo – enviar un hombre a la luna, por ejemplo, desarrollar el transitor, y crear mucha de la tecnología de producción utilizada hoy por las compañías japonesas.

De este modo, debe haber algo más en el mágico desarrollo del Japón. ¿Qué es lo que hemos pasado por alto? La tecnología, el desarrollo del producto, y la diversificación son parte del cuadro, pero, más importante es un nuevo estilo de dirección y lo que podriamos llamar el «nuevo trabajador», más responsable y plenamente integrado en nuevos y altamente eficientes sistemas de producción. Se trata de un enfoque que es refinado, aunque increíblemente poderoso en su habilidad para promover el cambio rápido y el crecimiento.

La compañía Canon, tanto como la que más, ilustra el tremendo potencial representado por este nuevo enfoque. Hace quince años Canon estaba esforzándose para producir una cámara que fuese atractiva en el mercado mundial. Las mejores cámaras se hacían casi exclusivamente en Alemania, y Kodak nos había dado máquinas a un precio que podía abordar la inmensa mayoría – la pequeña cámara Brownie Kodak. Sin embargo, Canon revolucionó la industria dándonos lo último en avances tecnológicos y precisión a precios competitivos.

Sin embargo, este libro no trata de los productos Canon, sino más bien del refinado sistema de dirección y producción que inspira a la gente de Canon para fabricar con alta calidad y con altos niveles de productividad que mantienen los precios bajos. Ian Brammer, director general del Technology Transfer of Australia, describe precisamente la estrategia de Canon, cuando califica como el secreto japonés «la continua mejora a través de la eliminación de los despilfarros que no añaden valor, con la implicación creativa de todos los empleados».

Eliminación del despilfarro, mejora continua y una fuerza laboral vitalizada – esas son las claves del secreto de Canon. Su primer paso ha sido la eliminación de todos los despilfarros que no añaden valor: sobreproducción, excesos de stocks, planificación y operaciones inefectivas, y recursos despilfarrados – la creatividad e ingenuidad del trabajador de línea.

Este último elemento es importante, porque la tradición de empleo de por vida en Japón ha forzado a las grandes corporaciones japonesas como Canon a mejorar la calidad y la productividad sin despedir empleados. Como resultado, los trabajadores se utilizan más creativamente y operan con más responsabilidad concedida de la que es habitual entre nosotros y, en general, las compañías japonesas han tendido a diversificarse – para soportar mejor un personal permanente creando más posibilidades de negocio.

¿Cómo podemos dirigir personas, tecnologías e instalaciones de producción para diversificar y producir más productos y con más valor añadido sin incrementar al mismo tiempo el coste? La historia de cómo ha conseguido Canon cumplir este obejtivo es de gran interés para los fabricantes norteamericanos. Canon ha confrontado problemas comunes a fabricantes japoneses y americanos y ha elaborado soluciones simples para mejorar las instalaciones de producción y dirigir un proceso de mejora total. Utilizando los principios del «just-in-time» desarrollados por Toyota, Canon ha diseñado sistemas eficientes de producción ajustados a sus propias líneas de productos y condiciones de fabricación. Ha aprendido como fijar a su compañía exigientes objetivos y alcanzarlos, incluyendo el objetivo de incrementar la productividad el 3 por ciento mensual en el conjunto de la organización – ¡lo que han podido alcanzar sin despedir ni un solo trabajador fijo!

Como otras compañías japonesas de primera línea, Canon ha conferido una gran importancia al desarrollo de los talentos creativos de su personal. En su fábrica de Toride, donde fabrican copiadoras, he podido ver al personal más motivado que haya podido ver en mi vida en cualquiera otra parte –mujeres y hombres plenamente integrados con sofisticados robots en una línea de producción con un flujo continuo y nivelado. En el último año, Canon recibió 50 ideas por trabajador de media para mejorar su trabajo y la compañía – justamente una nueva idea de mejora cada semana de cada empleado. Esta es una estadística increible cuando consideramos que en la compañía media americana se puede obtener una idea creativa por trabajador y año o cada 5 años.

Estoy muy complacido como editor por brindar este libro a América. Deseo agradecer la contribución realizada por la Japan Management Association que ha compilado el texto original japonés con material recibido directamente de Canon. Deseo también dar las gracias a las personas que han ayudado a crear esta versión en inglés – el traductor, Alan Campbell; Connie Dyer, que ha editado y ampliado el texto y figuras; Patty Slote, que ha coordinado la producción del libro; Russ Funkhouser, que ha diseñado la cubierta; Marie Kascus, que ha preparado el índice; y el staff de Rudra Press – Nanette Redmond, Tuth Knight, Caroline Kutil, Laura Santi y Leslie Goldstein. Especialmente deseo agradecer a Ryuzaburu Kaku, Presidente de Canon, la cooperación de todas las personas de Canon que nos han ayudado en este proyecto, con gracias especiales a Masayoshi Hiramatsu de Canon's Public Information Office, que nos ha concedido muchas horas de su tiempo para aclarar nuestras dudas y nos ha permitido actualizar los datos del Sistema de Producción de Canon.

Norman Bodek

Prólogo del editor

El sistema Canon de mejora continua está considerado en Japón como uno de los mejores. Visite cualquier fábrica de Canon y rápidamente comprenderá el porqué. En cualquier parte de la planta hay señales visibles de una actividad de mejora en marcha: gráficos de estatus actualizado en cada centro de trabajo, y paneles hechos a mano que capturan la atención promoviendo los puntos de atención mensual de la mejora en la fábrica. Una pequeña reunión de grupo se está desarrollando en la sala comedor, mientras en otra sala trabajadores en visita desde otra fábrica están viendo una película de los últimos resultados de los programas de mejora. En el montaje, un joven contramaestre consulta una larga lista y visita a los trabajadores – ¡está distribuyendo pequeños premios en metálico por las propuestas de mejora de trabajo casi a cada trabajador de la línea! Está también en evidencia el riguroso control de las actividades. En cada estación de trabajo están expuestas claras guías e instrucciones de trabajo y estándares de calidad; las medidas de calidad y productividad se registran continuamente. Y, a través de toda la planta, prevalece una tensa actividad – cada uno trabaja a ritmo rápido, pero no hay ninguna señal de apresuramiento. Esto es el resultado del «software del éxito» de Canon – los sistemas de dirección «oculta» que hacen de la idea de la mejora continua una realidad que funciona en Canon.

En 1975, Canon se fijó un objetivo ambicioso – llegar a ser una corporación de primer nivel internacional en seis años. Mirando ahora hacia atrás, su éxito podría parecer previsible – diversificación y desarrollo dentro de áreas de fuerte contenido tecnológico, combinado con astutas y bien periodificadas decisiones de marketing. Sin embargo, en este libro las claves del éxito de Canon se explican desde la perspectiva de los que han contribuido al mismo dentro de las fábricas – los directores, ingenieros y trabajadores cuyas pequeñas mejoras de cada día han hecho posible las mejora en gran escála. Esta perspectiva es valiosa para nosotros. Lea entre líneas y podrá comprobar que Canon ha tenido que superar los mismos problemas que los fabricantes americanos tienen a niveles de dirección media y líneas: comunicaciones inefectivas, superespecialización y aislamiento, falta de confianza en los niveles operacionales, y los altos costes de la falta de dirección y el cambio constante en las fases de diseño y producción de prueba.

Cualquier compañía que planifique hacer cambios importantes en sus operaciones debe confrontar estos y otros obstáculos internos – pautas de pensamiento establecidas y conductas que estrangulan las mejores ideas e intenciones. Como señalaba un director americano, «Conocemos los cambios que hay que hacer y porqué; y sabemos que pueden trabajar – pero, ¿cómo conseguir que algunos miles de personas se asocien y cooperen para conseguir el éxito?» Los directores japoneses preguntan la misma cuestión – esta es la razón por la que *El sistema de producción de Canon* se ha publicado en Japón.

Canon es un innovador por muchas vías. Ha sido el primer fabricante de cámaras que ha utilizado cintas transportadoras en el montaje de cámaras, y ha seguido las directrices de Toyota implementando la producción «just-in-time». Sin embargo, conforme aprendió en la mitad de los años 70, las nuevas tecnologías y estrategias requieren sistemas de dirección («software») que no solamente promuevan el cambio rápido: también deben mantener los niveles de mejora durante ese cambio.

Canon reconoce que el rápido mejoramiento que busca no puede conseguirse sin objetivos de compañía comunes y una continua y efectiva comunicación. Para facilitar la comunicación y la cooperación, la compañía se reorganizó como una matriz de grupos de productos y sistemas de dirección de desarrollo, producción y marketing. Se han formado grupos en cada intersección de la matriz que reunen a previamente aislados directores, técnicos y personal directo e indirecto, para diseñar e implementar los nuevos sistemas. Se introdujeron estrategias básicas para la mejora – directrices para eliminar el despilfarro, la estandarización y planificación y control dignos de confianza – dando a cada grupo un lenguaje y un enfoque comunes para las mejoras fundamentales.

Lo principal entre estas estrategias ha sido la planificación efectiva. En Canon, hacer un buen plan –p.e., fijar objetivos realistas, concretos y detallados – es solamente el principio; hacer que sea un éxito es el test. Y es aquí donde el «software» de dirección de Canon revela su poder. «Plan = resultados» es el objetivo, y Canon ha conseguido un sorprendente balance entre planificación y ejecución.

Sin embargo, una planificación efectiva y un seguimiento estricto no pueden tener éxito sin grupos de trabajo y una amplia implicación. ¿Qué ha atraído a los trabajadores de Canon a implicarse en este intenso proceso? ¿Qué les mantiene implicados? Aquí es donde la creatividad e ingenuidad de los directores de Canon ha marcado la diferencia. Los términos «promoción» y «dirección de las mejoras» se usan continuamente en el libro, y se refieren al aspecto de la planificación que tiene que ver con el «asegurar el éxito» – a través de la implicación creativa de cada trabajador. Un director debe planificar cómo conseguir los objetivos de producción y mejoras. Debe también planificar las actividades de promoción que implican a cada uno activamente en el logro de esos objetivos. Las actividades de pequeños grupos, el sistema de propuestas de mejoras del trabajo, los anuncios y los premios, las diversas campañas y directrices de mejora – estas son las estrategias formales de la implicación. Sin embargo, es la dirección creativa y las habilidades interpersonales de los directores de fábrica y supervisores lo que sustenta la vitalidad de los centros de trabajo individuales de Canon y contribuye a la continuamente alta tasa de mejora de la productividad que ha disfrutado la compañía durante los últimos diez años.

Este libro ofrece una visión única de la producción japonesa – algo que no podrá encontrar en otros libros sobre producción «just-in-time» o control total de calidad. Este es un manual de las simples técnicas diarias que utilizan los directores de Canon para aplicar con éxito los amplios principios en las áreas de trabajo. Los japoneses son maestros en el *kaizen* o mejora continua, y este libro mejor que ningún otro captura el espíritu de ese compromiso sin término con la calidad.

Constance E. Dyer

Introducción a la edición japonesa

La Dirección –más bien que el entorno nacional o cultural – es el factor principal para asegurar una producción eficiente y de alta calidad.

Ryuzaburu Kaku,
Presidente de Canon, Inc.

Canon sobresale en desarrollo de productos. En 1961, cuando las cámaras de tipo medio se estaban vendiendo en 63 $, Canon consiguió un precio sin precedentes por debajo de 52 $ con la Canonet. Han seguido ejemplos similares – la AE-1, una cámara reflex electrónica de una lente que dominó en su día y la copiadora PC-10, introducida para uso personal en 1982. Está bien documentada la excitación creada en los mercados por las especificaciones y funciones de estos productos.

La potencia en el desarrollo de productos de Canon provee una explicación para la alta tasa de crecimiento de la compañía. Otro factor ha sido la drástica reducción en los costes de fabricación alcanzada a través de la automatización y el uso de piezas moldeadas, las medidas de ahorro de tareas, y otras innovativas técnicas de producción.

A pesar de estos factores, un fracaso incidental en el desarrollo de productos en 1975 condujo a Canon a reestructurar completamente sus sistemas de dirección corporativa. En una nueva estructura de organización matricial, tres grupos de productos se conectaron por tres sistemas de dirección para promover la mejora en desarrollo de productos, producción y marketing.

Este libro hace un profundo examen de una de estas directrices de mejora – el sistema de producción de Canon (CPS). Desde 1976 hasta el presente, el CPS ha hecho ganar a Canon alrededor de 25 millones de dólares por año en beneficios resultantes de la eliminación del despilfarro en todas las áreas de fabricación: trabajo en proceso, defectos, instalaciones físicas, costes indirectos, personal indirecto, diseño, capacidad, movimientos y costes de lanzamiento (ensayos de producción en masa). Con el CPS se han introducido exitosos métodos para alcanzar el cumplimiento de los programas en todas las áreas de producción, y continúa su desarrollo como herramienta directiva.

Cuanto más cuidadosamente se planifiquen y ejecuten las operaciones de producción, más pueden reducirse los costes y mejorarse la calidad. En este orden, el sistema CPS opera como una forma de control de calidad total. La mejora de la productividad es una parte particularmente importante de las operaciones de producción de Canon; se promueve conjuntamente por el «software» de dirección de Canon y el «hardware» de las tecnologías de producción de la compañìa.

El énfasis en la eficiencia en fabricación del CPS puede contemplarse también como un programa de «calidad de vida de los trabajadores», porque ha dado a los empleados de fábrica más control sobre su propio trabajo. El CPS coordina el programa de «cero defectos en calidad» (CD), el sistema de propuestas de mejora del trabajo, las actividades de los pequeños grupos, y muchas otras actividades de mejora basadas en los empleados.

Este libro trata del sistema de Canon para dirigir las mejoras; pero también es un registro parcial de los logros prácticos obtenidos en el período 1976-82, extraído de la experiencias de diferentes fábricas de Canon. El cambio y la mejora en Canon no ocurren como algo uniforme, o por una implementación jerarquizada de técnicas desarrolladas en una oficina central. Más bien, el CPS promueve las actividades de mejora independientes en cada fábrica, y sirve como centro de intercambio para promover una efectiva participación y transferencia de conocimiento a través de todo el sistema. De este modo, los trabajadores en cada fábrica, en cada sección de línea, han llegado a contemplar la mejora como su propia contribución única a Canon, así como su propia responsabilidad importante dentro del sistema. El secreto del éxito del sistema de producción de Canon reside tanto en esos esfuerzos individuales como en el sistema de dirección que mantiene juntos todos los elementos del conjunto.

Dedicamos este libro a todos los que estén activamente comprometidos en los esfuerzos de mejora de la producción y esperamos que les resulte útil.

Nos complace agradecer vivamente la colaboración mostrada por Canon, Inc., y su presidente Sr. Kaku durante la preparación de este libro. Estamos especialmente agradecidos al Sr. Yamagata, Director General y máximo ejecutivo del CPS, así como a todas las personas del departamento de promoción del CPS y oficinas de éste en las fábricas. Su activa colaboración ha hecho posible este libro.

Los compiladores
Japan Management Association

Contenido

1

SISTEMA DE PRODUCCION DE CANON

1
El origen del sistema de producción de Canon

Debemos movernos de esa clase de pensamiento «hardware» que se apoya fundamentalmente en los productos hacia algo como el pensamiento «software», que enfatiza la estructura de las operaciones.

Ryzaburo Kaku, Presidente

En 1975, Canon se encontró con obstáculos en el desarrollo y venta de calculadoras y quedó en «números rojos» por primera vez desde que sus productos estuvieran en el mercado en 1949. Esto, conjuntamente con la crisis del petróleo, causó a Canon un déficit récord de 200 millones de yenes (665.000 $) para el primer semestre (Figura 1-1). Aunque la compañía se recuperó rápidamente, consolidando el déficit con un amplio margen en el segundo semestre, la incapacidad temporal para pagar un dividendo causó un gran shock en los ejecutivos de la compañía. En una reunión interna a finales de año, se adoptó un nuevo enfoque –no meramente reorganizar, sino construir una moral. La compañía se fijó un objetivo: llegar a ser, en un gran salto, una corporación de primer nivel internacional.

El presidente Ryuzaburo Kaku (entonces director general) (fotog. 1-1) propuso un «Plan principal de compañía» de seis años, con comienzo en 1976. Bajo este plan, Canon tenía tres años para llegar a ser una corporación líder en Japón y otros tres para llegar a ser un líder mundial. El nuevo plan se introdujo junto con medidas para la recuperación inmediata –reducción de operaciones, reducciones de costes y esfuerzos para promover las ventas de calculadoras y de las nuevas líneas de cámaras y copiadoras. Se fijaron objetivos: 1) para fortalecer la posición financiera (una tasa de beneficios sobre operaciones del 15 por ciento sin endeudamiento); 2) elevar los niveles de desarrollo, producción y marketing (en cantidad y calidad); y 3) alcanzar una tasa razonable de crecimiento (una tasa de crecimiento del 30 por ciento en la participación en el mercado y un 15 por ciento en las ventas).

Fotografía 1-1 Ryuzaburo Kaku

MOVIMIENTO HACIA UN PENSAMIENTO «SOFTWARE»

En el pasado, a menudo Canon había estado a la cabeza de sus competidores en la introducción de productos atractivos, innovativos, para ocupar una segunda o tercera plaza solamente a consecuencia de una planificación a largo plazo inefectiva. La dirección tendía a funcionar sobre una base diaria, y la compañía no tenía habilidad para conseguir ventajas de las oportunidades de crecimiento. Para superar esta inflexibilidad, el Plan de Compañía Principal diseñó una serie de objetivos para reforzar la estructura corporativa e incrementar la eficiencia operacional.

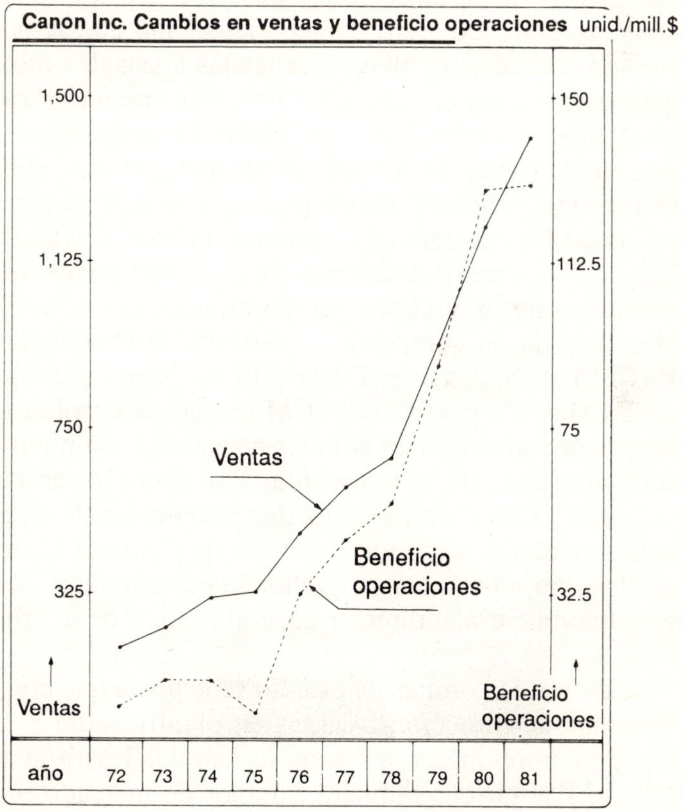

Figura 1-1 Cambios en ventas y beneficio operaciones

La primera tarea era simplificar el complejo sistema de producción de Canon compuesto de fábricas trabadas e interdependientes. Con anterioridad al nuevo plan, un producto típico se procesaba en la planta A, se transportaba hasta la planta B para submontaje, y se llevaba después a la planta C para el montaje final. El nuevo objetivo de Canon era reunir todas esas funciones en plantas individuales.

Una segunda, y relacionada tarea, era crear una nueva estructura organizativa basada en grupos de producto –productos de cámaras, máquinas de negocios y productos de óptica. Esto reforzaría la dirección y desarrollaría los recursos humanos concentrando áreas de especialización que se habían desarrollado conforme se diversificaban las líneas de producto. El objetivo de Canon era construir fortaleza creando áreas de responsabilidad independiente así como de «expertise». Por ejemplo, en el sistema de grupos de producto, el marketing se hizo una compañía independiente para incrementar su efectividad y eliminar las interferencias entre producción y ventas.

Se establecieron tres sistemas de dirección para ayudar a hacer estos cambios y coordinar las funciones comunes en todas las áreas de la compañía: el Sistema de Producción de Canon (CPS), el Sistema de Desarrollo de Canon (CDS) y el Sistema de Marketing de Canon (CMS). Para desarrollar estos sistemas, se organizaron tres comités de estudio con miembros de todas las partes de la compañía. Por ejemplo, entre los miembros del Comité de Estudios del Sistema de Producción de Canon se incluían todos los directores de planta de Canon, y jefes de división y presidentes de fabricantes afiliados. El presidente del comité era el director general a cargo de la producción.

Al sistema de comités de estudio se le pedía que construyese sistemas de dirección basados en planificación a largo plazo, que proporcionasen a Canon la habilidad para avanzar rápidamente y tratar cualesquiera cambios de mercado imprevistos. El comité del sistema de desarrollo (CDS) tenía como meta promover el desarrollo de nuevos productos, con elevados niveles de rendimiento y calidad, que encajasen con las necesidades de los consumidores y puestos a punto en el «timing» apropiado para el mercado. El comité para el sistema de producción (CPS) tenía que eliminar todo despilfarro de forma que la compañía pudiese fabricar productos de elevada calidad a bajo coste soportando tanto una elevada cotización del yen como una intensificación de la competencia. El comité del sistema de marketing (CMS) se esperaba que ampliase y reforzase el mercado interior de Canon y la red internacional de ventas mediante la formación de una fuerza de ventas y un servicio de alta calidad. Se establecieron oficinas separadas en la sede central de la compañía para promover el trabajo de cada comité.

LA MATRIZ DE DIRECCION DE CANON

De la interacción entre los grupos de producto y los sistemas de comités se dedujo una estructura de matriz de dirección, (Figura 1-2). Típicamente, una matriz de organización combina departamentos organizados por funciones con grupos organizados por proyecto. En el caso de Canon, los comités son cuerpos de investigación provistos con oficinas permanentes. Los grupos de producto definen los ejes verticales de la matriz; los sistemas de Canon (junto con el staff central, p.e., personal, contabilidad, etc.) representan las conexiones horizontales entre cada grupo de R & D, producción y marketing. La relación entre los grupos de producto y los sistemas de Canon pueden explicarse con una analogía agrícola. Los grupos de producto descubren una gran variedad de productos, y entonces siembran las semillas y recogen la cosecha. Los sistemas de Canon mejoran el suelo y el entorno –proveen los fertilizantes y la irrigación; preparan el suelo y lo mantienen libre de malas hierbas y parásitos.

El estilo de matriz de Canon –negocios independientes y plantas organizadas para trabajar hacia objetivos comunes– es único entre las compañías japonesas. La clave de su éxito es la óptica de las oficinas centrales vistas como aportando un vigoroso apoyo y un mínimo de controles y la eficiente transferencia de técnicas eficaces a otras plantas. En este aspecto el rol del sistema de producción de Canon (CPS) es central –para ayudar a desarrollar estrategias efectivas de mejora de la calidad y la productividad, técnicas de dirección, y esquemas de vitalización de las áreas de trabajo, y para coordinar su implementación a través de toda la compañía.

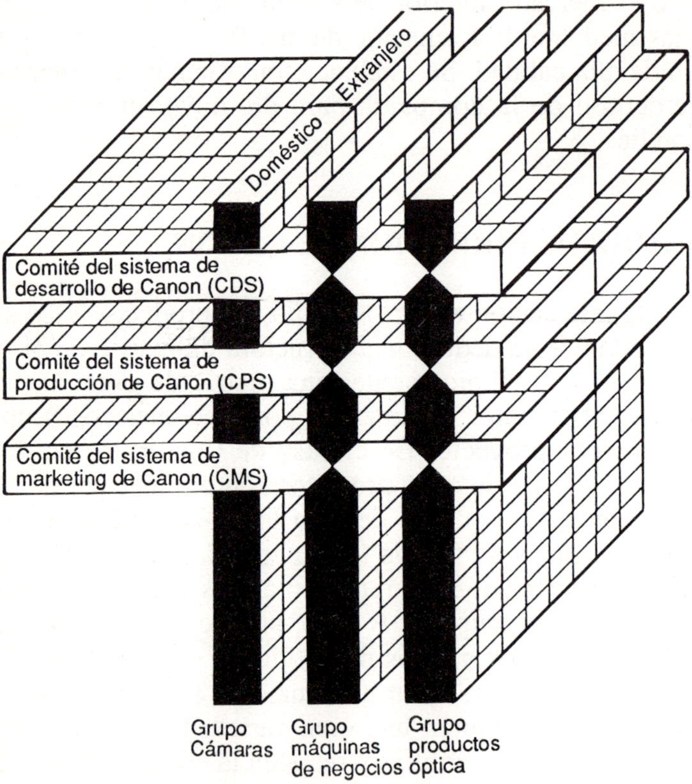

Figura 1-2 La matriz de Canon

Un resultado inevitable del sistema de matriz es que las operaciones actuales en la línea deben realizarse bajo la dirección de dos «jefes», p.e., directores de producto y de sistemas. Sin embargo, esto no ha sido un serio problema en Canon. Una razón es que los presidentes de comités de estudio de sistemas son directores generales profundamente implicados en las operaciones staff. Otra es que los grupos de producto se han beneficiado considerablemente de las actividades de los comités de estudio, p.e., el sistema de producción HIT (la versión CPS del aprovisionamiento de piezas «just-in-time») y el sistema TS 1/2 (un programa CDS para cortar en la mitad el período de desarrollo de un producto).

OBJETIVOS CPS Y ESTRATEGIAS

El Comité de Estudios CPS estableció tres objetivos de alcance amplio:«Esforzarse por la mejor calidad, el coste más bajo, y las entregas más rápidas en cualquier lugar». Estos objetivos debían alcanzarse siguiendo tres estrategias básicas que ya eran parte de la filosofía de producción de Canon.

Confianza plena en una calidad segura

Canon era de siempre conocida por la elevada calidad de sus productos. Sin embargo, el comité reconocía que para mantener la confianza pública en la compañía durante la reorganización y en el futuro, tenía que otorgarse una alta prioridad al desarrollo de un sistema de aseguramiento de la calidad verdaderamente confiable.

Un sistema pleno de flujo continuo

Canon ha sido la primera industria de precisión que cambió de un sistema de montaje en lotes a uno en cinta transportadora. Esto incrementó la eficiencia y simplificó las operaciones. Además, como el estatus de las operaciones podía con templarse de una ojeada fue más fácil controlar la productividad, el trabajo en proceso y los defectos. El objetivo de Canon ahora era crear un sistema de flujo continuo único que incluyese todos los aspectos de la producción –no solamente el montaje y operaciones de proceso relacionadas, sino también las operaciones indirectas tales como la documentación a incluir con los productos y los informes.

Desarrollo efectivo de los recursos humanos

La mayoría de los problemas de un sistema radican en un factor humano. Y si los problemas no se persiguen suficientemente hasta encontrar ese factor, las soluciones serán inadecuadas. Canon descubrió que los problemas se resuelven con mayor efectividad cuando el personal está implicado y se le dá oportunidades de crecimiento y desarrollo. La planificación efectiva del desarrollo de los recursos humanos puede sacar a la superficie cada deseo individual de trabajo y mejora y hacer que esto sirva a la compañía así como a la persona. Todas las actividades CPS están organizadas alrededor de este simple principio.

El énfasis en el desarrollo de los recursos humanos es una parte fundamental de la filosofía corporativa de Canon que precede a la inauguración del CPS. Puede encontrarse en los «Cuatro principios de Canon» enunciados por el fundador de Canon, Takeshi Mitarai. Estos principios promueven el progreso basado en el mérito, el espíritu familiar, la salud, y «los tres autos» –auto-motivación, auto-respeto y auto-confianza– (Figura 1-3).

Esta filosofía ha guiado siempre la política de la compañía en Canon. Por ejemplo, las distinciones entre los trabajadores de línea y de staff se eliminaron antes de la segunda guerra mundial. El progreso se basa en verificaciones, no permitiéndose discriminaciones de sexo o titulaciones académicas. La edad de retiro se ha ampliado varias veces, con una política actual de reempleo de tres años después de cumplir 60.

- Política de los «tres autos»
  Procederemos en el espíritu de la auto-motivación; auto-respeto, y auto-confianza.
- Política de sistema de méritos
  Maximizaremos nuestros recursos humanos a través del sistema de méritos.
- Política de nueva familia
  Cooperaremos para profundizar en la mutua confianza y entendimiento con un espíritu armonioso.
- Política de primero la salud
  Haremos del cuerpo y mente sanos la base del desarrollo personal.

Figura 1-3 Los cuatro principios Canon

EL ENFOQUE CANON DE LA MEJORA CORPORATIVA

El CPS se diseñó para servir como una estrategia para la mejora a largo plazo. Pero hacer mejoras fundamentales, permanentes, requiere que cada uno se comprometa en un proceso de cambio y crecimiento continuo. Como el progreso se consigue día a día, la planificación debe profundizar lo suficiente como para apoyar las actividades diarias. Es esencial la fijación de objetivos claros, pero no se debe contemplar nunca un punto final a las mejoras.

Al seleccionar las acciones concretas de mejora, Canon ha hecho siempre cosas de modo que sean consistentes con el respeto por la individualidad de Canon. Por ejemplo, un año antes de que se anunciase el Plan de Compañía Principal, el presidente Kaku había quedado muy impresionado por el sistema de producción de Toyota. «Pensaremos sobre esto», dijo. «Pero debemos diseñarlo especialmente para Canon... Toyota es justamente una de las compañías superiores; deseo un sistema que combine lo mejor de cada una con la tradición de Canon».

Este concepto pragmático, individualista, es más obvio en las relaciones entre las diferentes fábricas de Canon. Por ejemplo, cada fábrica ha implementado el sistema HIT, la versión de Canon del sistema kanban de Toyota, con su propio modo. Las fábricas de cámaras A y B usan las «tarjetas HIT» y siguen las mismas reglas, pero sus aplicaciones actuales pueden ser muy diferentes (véase capítulo 8).

LOS PLANES CPS A TRES AÑOS

Al principio, los planes de medio plazo de tres años se perfilaron para promover las operaciones CPS y guiar el desarrollo de sistemas en cada fábrica.

Primer plan (1976-78)
Construir los fundamentos y establecer el control visible

Segundo plan (1979-81)
Hacer todo lo que se ha decidido

Tercer plan (1982-84)
Alcanzar los más elevados niveles y gran velocidad.

Primer plan: eliminación del despilfarro y control visual

La mejora corporativa comenzó con una campaña que abarcó toda la compañía para eliminar el despilfarro. Se definieron nueve despilfarros (capítulo 2), y se pidió al personal de todas las plantas que estudiase cuestiones tales como: ¿dónde considera que hay despilfarro?; si el despilfarro es la diferencia entre la realidad y el ideal, ¿cómo podría expresarse como un valor numérico?; ¿cuáles son los mejores métodos para eliminar el despilfarro?

Después de vigorosas discusiones, se prepararon un manual CPS y material de entrenamiento, y se propuso una condición ideal: como el despilfarro es el resultado de acciones o condiciones que no son siempre obvias, los sistemas deben diseñarse de forma que prevengan el despilfarro donde ocurra en primer lugar. Por ejemplo, los defectos son una forma de despilfarro que puede ser el resultado de un mantenimiento de máquinas inadecuado, operación impropia del equipo, falta de estándares fiables o falta de adhesión a los estándares, daños debidos a manipulaciones excesivas o contenedores inapropiados, etc. La eliminación de estos «despilfarros» ocultos previene la ocurrencia de defectos.

Los sistemas de control visual se adoptaron para controlar los despilfarros existentes y ayudar a crear un sistema en el que no pudiesen ocurrir despilfarros. (La palabra *visual*, además de significar visible en sí, también significa hacer que los problemas sean fáciles de ver). Un *control visual* provee un estándar visible de forma que cada uno puede con una simple ojeada comprobar si ocurre algo anormal.

Se estudiaron e introdujeron varios métodos de control visual. Los principios de las «cinco S» de orden, limpieza y control visual se implementaron para conseguir un orden metódico y un arreglo consistente de las áreas de trabajo en la línea (capítulo 6); los sistemas visibles de dirección se utilizaron también para promover la estandarización de la tecnología de fabricación, para mejorar la productividad y las tasas de trabajo, y para ayudar a identificar y eliminar los problemas de calidad de cada día. El sistema HIT, por ejemplo, es básicamente un sistema visual para el control de la producción y el aprovisionamiento de piezas. Similarmente, se introdujeron los gráficos de flujo para asegurar la calidad de Canon y dirigir visualmente los procedimientos de seguridad de la calidad y promover una mayor adhesión.

Previsiblemente, estas actividades de mejora no se implantaron siempre sin obstáculos. Sin embargo, a través de la organización matricial, el CPS promovió intercambios abiertos de información entre secciones de las líneas y fábricas. estas actividades participativas ayudaron a incrementar la velocidad de los procesos de mejora y difundieron un positivo espíritu de competición dentro de la compañía.

El segundo plan: creación de adhesión

¡No buscar razones por las que las cosas no funcionarán!

Kaku

Conforme procedía la realización del primer plan, resultaba aparente que, siempre que algo salía mal, a lo primero que tendía el personal era a maldecir el plan o los estándares fijados. Por ejemplo, cuando ocurrían defectos de fabricación, el personal a menudo buscaba modos de cambiar el método de fabricación sin conducir una investigación cuidadosa de las causas raíces.

Sin embargo, con el tiempo, los trabajadores llegaron a percibir que los defectos usualmente ocurrían cuando alguien, o bien no conocía el método de trabajo establecido, o lo conocía pero no lo seguía. Resultaba claro que la falta de adhesión a los métodos y estándares establecidos era el gran obstáculo para una mejora efectiva. «Hagamos lo que se ha decidido» fue el eslogan para el segundo plan.

Hablando prácticamente, esto significaba que cada uno aceptaba su adhesión a todos los planes, programas y reglas. Los trabajadores tenían que seguir las directrices de trabajo (procedimientos de operaciones estandarizados). Si no podían hacerlo, tendrían que informar a su supervisor. De este modo, podrían determinar juntos si la causa del problema radicaba en el estándar o en el modo de realizar el trabajo. El proceso de mejora resultó así más fácil y eficiente.

El énfasis en la adhesión clarificó la responsabilidad de los trabajadores individuales y les ayudó a comprender como encajaba su trabajo en el proceso de producción global. Asimismo, el énfasis en la necesidad de estandarizar ayudó a Canon a desarrollar un sistema que cada uno podía entender.

Los esfuerzos de mejora de cada día en las áreas de trabajo fueron apoyados durante este período por actividades en otros terrenos, incluyendo el Comité de Estudio del CPS, reuniones regulares para anunciar resultados, y otras actividades de participación de información. *Operation Catchball* y *Doctor's Rounds*, por ejemplo, son actividades de grupo únicas para directores de planta y directores de producción de nivel medio (véase cap. 5). Al nivel de línea, los trabajadores y supervisores están también involucrados en pequeños grupos de actividades y proyectos relacionados con ideas de mejora del trabajo remitidas a través del sistema de sugerencias de Canon. Estas actividades se ampliaron a toda la compañía y añadieron ímpetu al movimiento CPS de mejora corporativa. (Véase el cap. 6 para una descripción detallada de las extensas actividades de pequeños grupos en Canon y el sistema de sugerencias, la campaña de clarificación visual de las 5 S, y otros programas de participación en información).

El tercer plan: incremento de la productividad

Durante el período del segundo plan, la competencia exterior se intensificó conforme Canon se diversificaba en áreas que hacían uso de sus tecnologías de óptica y precisión. Esto, combinado con una reducción creciente en los ciclos de vida del producto, incrementó la necesidad de reducir los costes y acortar los plazos de puesta a punto de los nuevos productos. Adicionalmente, un nuevo objetivo de ventas de 4,8 miles de millones de dólares para el final de los años 80 significaba que Canon tenía que planificar un incremento de ventas hasta un quíntuplo en la década.

Resultaba claro que los departamentos de producción necesitaban un sistema que pudiese responder con mucha mayor rapidez a estos nuevos desafíos y a las cambiantes condiciones del mercado. De este modo, el eslógan para el tercer plan, «Niveles más elevados y mayor velocidad», era el más apropiado. El énfasis se tornaba hacia un «refinado sistema de producción» –uno que estuviese libre de problemas, con mínimos stocks y flexible.

Los trabajos para realizar este objetivo implicaban esfuerzos para incrementar la productividad en cada aspecto de la producción, un amplio uso del Análisis y Control de Realizaciones (PAC). Desarrollado por Takeji Kadota en los últimos años 60, el PAC incrementa la productividad mejorando los rendimientos de los trabajadores. El PAC consigue niveles más elevados a través de cuidadosas mediciones, auto-dirección, e informes combinado con guía de los supervisores de línea en lugar de incentivos monetarios (véase cap. 8). Otros esfuerzos implicaban ingeniería de valores y actividades relacionadas de reducción de costes (véase cap. 10).

Los capítulos que siguen contemplan el CPS como un sistema para dirigir el personal, el cambio y la mejora así como las nuevas tecnologías –el «software del éxito» de Canon. El cap. 2 explica el rol central de la eliminación del despilfarro, una estrategia que ha resultado en un ahorro de casi 800 millones de dólares hasta la fecha. Los capítulos 3 y 4 introducen las actividades y sistemas que promueven y apoyan la mejora al nivel de sección y línea– el impulso del Centro de Trabajo principal, las oficinas y organizaciones de apoyo a la fábrica, los grupos de estudio y las redes de información.

La planificación efectiva ha sido un factor principal en el

éxito de Canon. El capítulo 5 explica los métodos y programas utilizados para desarrollar la habilidad en planificación en cada nivel, desde la dirección de planta hasta el trabajador de línea.

El cap. 6 revisa las tres actividades principales que han promovido con efectividad la implicación de los empleados de Canon –la campaña de las 5 S (dirección visible y eliminación del despilfarro en el nivel de línea), las actividades de los pequeños grupos de directivos y trabajadores, y el sistema de sugerencias de mejora del trabajo de Canon. También describe el sistema de comunicación y premios que permite a los empleados de Canon participar y celebrar los resultados.

El cap. 7 describe la filosofía de entrenamiento de Canon y la metodología, y los capítulos 8, 9 y 10 exploran en detalle los tres brazos del sistema de producción de Canon – el aseguramiento de la producción (PA), alcanzado a través del sistema HIT de entregas «just-in-time»; la seguridad en la calidad (QA), que enfatiza la estandarización y la guía para incrementar la capacidad tecnológica de los procesos; y la seguridad en los costes (CA), utilizando las técnicas de ingeniería de valores para promover el control de costes y las actividades de reducción de costes.

2
MEJORA DE LA CORPORACION A TRAVES DE LA ELIMINACION DEL DESPILFARRO

Canon adoptó medidas de carácter inmediato para promover la recuperación en 1975, pero la dirección reconoció que se precisaba algo más que una venda sobre los síntomas superficiales para conseguir la clase de mejoras fundamentales que la compañía necesitaba.

Generalmente, una caída en los indicadores de dirección o una declinación en los rendimientos corporativos pueden ser rastreadas hasta los factores internos que previenen a la compañía de responder rápidamente ante el cambio. La mayoría de estas causas internas son ineficiencias profundas o «despilfarros» que permanecen ocultos porque están enterrados en las operaciones de cada día –en los recursos (personal y equipo) y en los sistemas y métodos diseñados para usar efectivamente esos recursos. Mejoras fundamentales significa trabajar para eliminar esos despilfarros que pueden afectar negativamente la calidad del producto, el coste y los plazos de entrega (Figura 2-1).

Hablando generalmente, *despilfarro* es cualquier factor de las operaciones que no añada valor. Para hacer esos factores más visibles, Canon definió nueve tipos de despilfarro:

– Despilfarro causado por trabajo en proceso (stocks).
– Despilfarro causado por defectos.
– Despilfarro en equipos.
– Despilfarro en gastos.
– Despilfarro en personal indirecto.
– Despilfarro en planificación.
– Despilfarro en recursos humanos.
– Despilfarro en operaciones.
– Despilfarro en plazos de puesta a punto.

La eliminación del despilfarro se definió como el corazón de la conducción CPS para la mejora fundamental.

La figura 2-1 muestra cómo los nueve despilfarros se atacan desde dos lados. Un enfoque elimina el despilfarro relacionado con los recursos requeridos para las operaciones de fabricación, p.e., personal, equipo y costes. Otro elimina el despilfarro relacionado con los productos fabricados, para incrementar la calidad y reducir los costes del producto y los plazos de entrega.

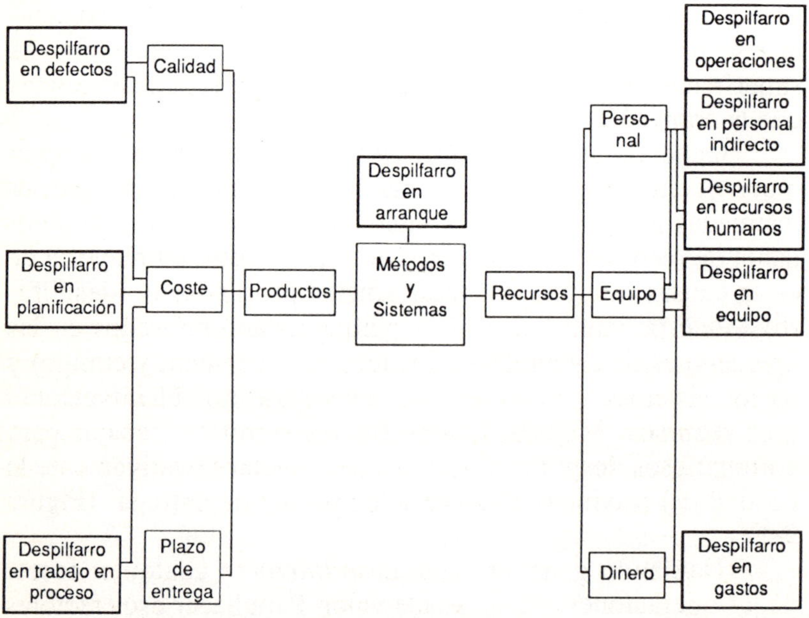

Figura 2-1 Operaciones de fabricación y los nueve despilfarros

Se establecieron una variedad de *indicadores de dirección* para cada tipo de despilfarro, p.e., tasa de rotación de trabajo en curso, tasa de defectos, tasa de eficiencia. Estas mediciones se utilizan en diferentes niveles dentro de la fábrica para rastrear y dirigir la mejora. La mejora fundamental está conectada con la habilidad para elevar consistentemente estos indicadores. En concordancia con ello, los resultados se evalúan también en términos de los nueve despilfarros. Hay varias ventajas en tener tantos caminos para atacar en un esfuerzo de mejora global de una compañía:

- Cualquier problema puede contemplarse desde varios ángulos, haciendo más fácil su visión y comprensión.
- El enfoque multifacético fuerza a la dirección a salir de una mejora casuística hacia un sistema amplio de mejora.
- El enfoque sofisticado; demanda amplios conocimientos y mayor entrenamiento. Reconocer este hecho desafía a los trabajadores y eleva su implicación y respeto por el proceso.

NUEVE TIPOS DE DESPILFARRO OCULTOS EN LAS OPERACIONES DIARIAS

Despilfarro causado por el trabajo en proceso

Este despilfarro ocurre en el proceso de fabricación, entre el momento en que los materiales entran en proceso y el momento en que se expiden como productos acabados. Cualesquiera parada o espera de las piezas en diferentes fases del proceso, es origen del comienzo de costes que no añaden valor. Y, cuando están implicados muchos componentes, el problema puede ser incluso difícil de reconocer. Por ejemplo, los sistemas de almacenaje y espacios para componentes se aceptan como necesidades, así como que se precisa personal para dirigirlos. Adicionalmente, cuando el capital está congelado en stocks, se incrementan los costes de intereses financieros. Y, cuando las piezas o productos mantenidos en stock llegan a ser obsoletos por cambios de diseño o producción, los costes de los desechos se añaden a las pérdidas originales.

Despilfarro causado por defectos

Cuando las características de la pieza o el producto no están dentro de las especificaciones, el despilfarro en materiales y trabajo incluye no solamente la fabricación del elemento defectuoso en sí, sino también el trabajo a rehacer, los desperdicios, y otros costes indirectos.

Bajo el sistema de control de la fabricación de Canon una pieza es aceptable solamente si sus características forman una curva de distribución normal. Las que conforman curvas no normales son rechazadas incluso aunque puedan quedar dentro de las especificaciones (Figura 2-2)

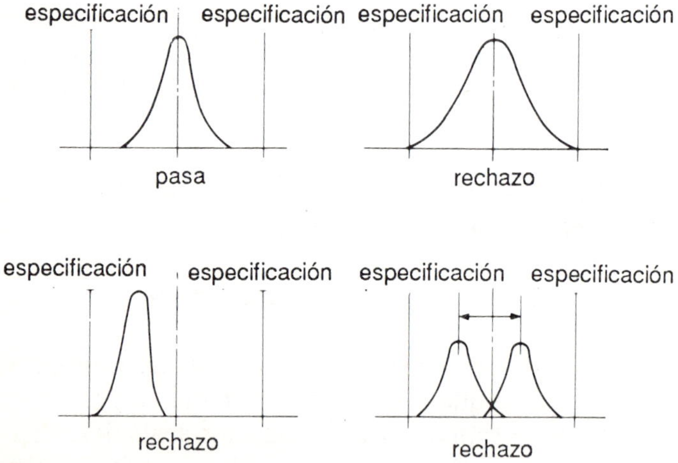

Figura 2-2 Cómo se definen los defectos

Despilfarro en equipo

Se produce despilfarro si cualquier instalación física, inversión en equipo u operación, no es efectiva en costes –cuando una planificación deficiente resulta en compra de equipo con mayor capacidad de la requerida, o cuando las máquinas no se operan con eficiencia.

Una operación ineficiente puede causar despilfarros adicionales cuando el equipo queda fuera de operación y cuando opera ineficientemente. La medición del progreso en la operación del equipo se basa en dos enfoques diferentes: la tasa de operación y la tasa de trabajo (Figura 2-3).

La *tasa de operación* mide el uso del equipo – la relación por cociente entre el tiempo actual que toma producir la cantidad requerida de productos estables y la capacidad de la máquina (tiempo operativo disponible). Esta relación fluctúa conforme el programa de producción responde a los cambios en la demanda. La *tasa de trabajo* mide la relación por cociente entre el tiempo de operación productiva (producción efectiva) y el de operación improductiva (operación con defectos, cambios de útiles ineficientes, paradas no programadas, etc.). El objetivo es aproximarse al 100 por cien eliminando el despilfarro causado por defectos y paradas, y por la reducción de los tiempos de cambio de útiles.

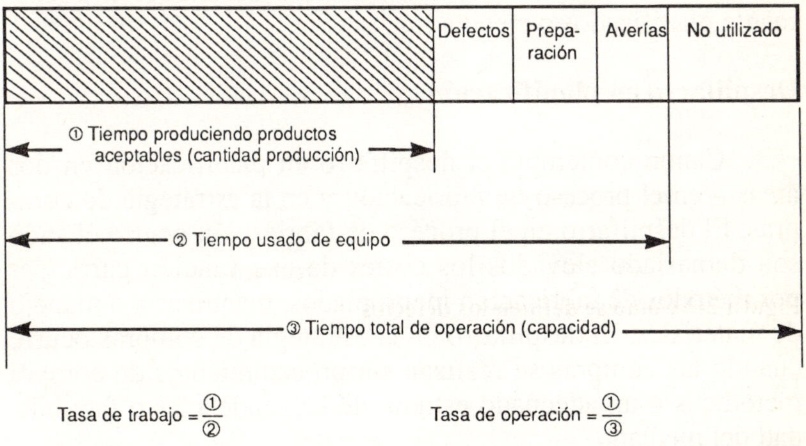

Figura 2-3 Tasa de operación versus tasa de trabajo

Despilfarro en costes/gastos

Los costes/gastos en este contexto incluyen todos los costes de fabricación adicionales a los materiales básicos y los aprovisionamientos de subcontratistas, p.e., todos los costes relacionados con personal, materiales auxiliares, herramientas, energía, etc. En esta categoría ocurren despilfarros cuando los beneficios de un elemento están descompensados con relación a su coste. Para ayudar a eliminar el despilfarro en los costes/gastos, se asientan sobre una base cero en la fase de presupuestación y posteriormente se introducen como números de presupuesto en la fase de operaciones actuales a través de la actividad del grupo de reducción de costes (véase cap. 10 para una comprensión más clara de las actividades de control y reeducción de costes).

Despilfarro en personal indirecto

Esta forma de despilfarro se puede encontrar en las operaciones indirectas y asignaciones de personal que no añaden valor. Es una consecuencia de sistemas de dirección pobremente planificados o ejecutados.

Despilfarro en planificación

Canon contempla el despilfarro en planificación en dos áreas – en el proceso de fabricación y en la estrategia de compras. El despilfarro en el proceso de fabricación ocurre cuando son demasiado elevados los costes de una función particular por métodos de fabricación inapropiados, maquinaria o manejo de materiales. El despilfarro en la estrategia de compras ocurre cuando las compras se realizan sin procedimientos de compra metódicos o un adecuado estudio de las tendencias o factibilidad del mercado.

Despilfarro en recursos humanos

Los recursos humanos se despilfarran cuando no se usan

plenamente las habilidades humanas, p.e., cuando el personal hace trabajos que pueden hacerse con máquinas, más bien que hacer tareas que requieren juicio y creatividad.

Despilfarro en operaciones

Ocurre despilfarro en movimientos en la línea de producción cuando no se siguen los procedimientos estandarizados o no se siguen eficientemente. Ocurre también cuando los procedimientos estándares no son eficientes.

Despilfarro en las puestas a punto

Una planificación efectiva puede reducir el despilfarro en los costes de puesta a punto de nuevos productos. El plazo de puesta a punto excesivo –desde los ensayos de producción en masa a la estabilización– puede reducirse por un estudio tecnológico más profundo en la fase de ensayo de la producción en masa. Como consecuencia de que el despilfarro en las puestas a punto es a menudo una combinación de despilfarros en planificación, defectos, y movimientos, etc., es una medida general excelente de la eficiencia en fabricación.

MEDICION DE RESULTADOS DE ELIMINACION DE DESPILFARROS Y DE LA MEJORA GLOBAL

La mejora corporativa fundamental se mide en términos de los resultados de la eliminación de despilfarros y se expresa como un beneficio. La expresión de la mejora como un beneficio tiene varias ventajas. Cada persona implicada resulta así más consciente de los beneficios y pérdidas y una vigorosa y competitiva disposición se desarrolla entre fábricas y divisiones. Finalmente, la mejora global puede evaluarse fácilmente combinando los resultados de diferentes esfuerzos de eliminación del despilfarro.

La mejora resultante de la eliminación del despílfarro se calcula por el método siguiente:

Beneficio de eliminación del despilfarro (WEP) = *el*

grado en el que se han mejorado los indicadores de dirección sobre los registros del año anterior, expresado como una cantidad en dinero.

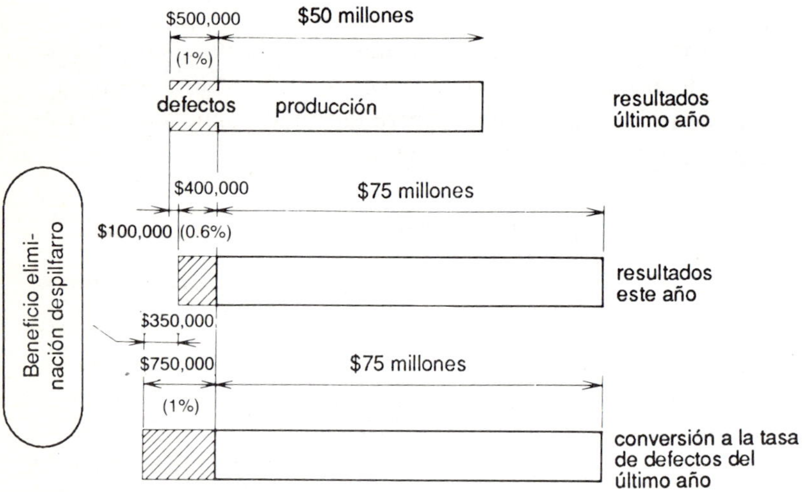

$$\text{Tasa de defectos} = \frac{\text{número de defectos}}{\text{producción total}} \times 100\ (\%)$$

Beneficio eliminación despilfarro = (anterior tasa [defectos] - tasa actual) x producción anual

Figura 2-4 Beneficio eliminación despilfarro defectos

Como ejemplo de este cálculo, en la figura 2-4 utilizamos el despilfarro causado por los defectos. La diferencia actual entre los costes de defectos del año anterior y el actual es de 100.000 dólares. Sin embargo, Canon contempla esto del siguiente modo: si la tasa anual actual hubiese permanecido la misma que en el último año, entonces el coste actual de los defectos habría sido de 750.000 dólares, 1 por ciento sobre 75 millones de dólares. Pero, como los esfuerzos de eliminación del despilfarro lo han reducido a 400.000 dólares, hay un beneficio de eliminación del despilfarro o WEP de 350.000 dólares.

El Beneficio de la Eliminación de los Nueve Despilfarros es un número total de beneficios de los nueve tipos de despilfarro, cada uno calculado del mismo modo. Sin embargo, como este número difiere de acuerdo con la escala de operaciones de cada fábrica particular, no puede utilizarse para efectos comparativos. Para expresar el grado de mejora global de una fábrica particular, el número total se divide por el número de personas para obtener el WEP por persona. Este cálculo se hace en cada nivel –sección, división, fábrica y compañía (véase figura 2-5).

ELEVACION DE LOS BENEFICIOS DE FABRICA A TRAVES DE LA ELIMINACION DEL DESPILFARRO

La figura 2-5 muestra los aumentos en el WEP a nivel de compañía para Canon y compañías afiliadas desde el principio del CPS hasta la actualidad. Obsérvese que aunque el WEP indica mejora sobre el año anterior, una caída en el WEP no indica deterioro a menos que llegue a ser un número negativo.

El WEP expresa el beneficio de la mejora global en dólares, de forma que difiere de la cifra de beneficio después de costes utilizada en la contabilidad financiera. Sin embargo, cuando el WEP sobrepasó los 50.000 dólares, la alta dirección de Canon empezó a interesarse por la relación entre el WEP y la contabilidad financiera.

A las fábricas se les pide producir un plan de beneficios para el grupo de productos así como un plan de eliminación del despilfarro en el contexto del CPS. Típicamente, estos planes de beneficios se diseñan para un logro del 100 por ciento, de forma que los objetivos se fijan a niveles moderados. Por otro lado, los planes de eliminación del despilfarro son para uso de la dirección interna, de forma que en este caso se piden objtivos que son un desafío. *En la práctica, las operaciones actuales se desarrollan alrededor de los planes de eliminación del despilfarro, porque alcanzando los más elevados objetivos del WEP también se consiguen los más moderados objetivos de beneficios contables.*

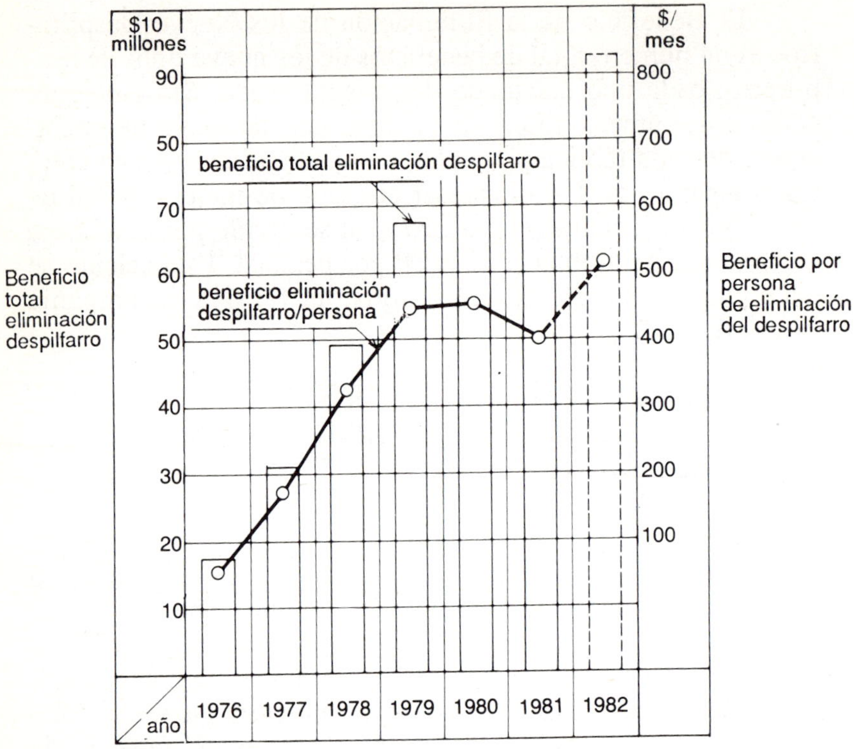

Figura 2-5 Beneficio total

Los puntos en común entre el beneficio de eliminación del despilfarro del CPS y el beneficio financiero después de costes son factores que tienen una influencia en los beneficios tales como la tasa de rotación de los trabajos en curso y las tasas de defectos. Solamente hay un plan de logro de objetivos para elevar el nivel de estos indicadores. Lo que difiere es simplemente el método de cálculo del beneficio.

La relación entre los esfuerzos de eliminación del despilfarro y la planificación del beneficio tradicional es aún más clara cuando los resultados de la eliminación del despilfarro se examinan más de cerca. En cada caso, la eliminación del despilfarro o bien incrementa el valor añadido o reduce los costes fijos:

1.- *Eliminar el despilfarro causado por los trabajos en curso* significa reducir los costes de almacenaje, instalaciones, y personal de gestión de los stocks.

2.- *Eliminar el despilfarro causado por los defectos* significa reducir los costes variables e incrementar el valor añadido a través de una mayor eficiencia.

3.- *Eliminar el despilfarro en equipo* significa mejorar la tasa de trabajo, incrementando el volumen de producción con las reducciones en los ciclos de tiempo y reduciendo los costes del equipo.

4.- *Eliminar el despilfarro en gastos* significa reducir los costes fijos.

5.- *Eliminar el despilfarro en personal indirecto* significa reducir los costes de personal a través de las reducciones en el personal indirecto.

6.- *Eliminar el despilfarro en planificación* significa añadir valor a través de la ingeniería de valores y la reducción de costes.

7.- *Eliminar el despilfarro en los recursos humanos* significa reducir los costes de personal introduciendo equipo que ahorra trabajo humano.

8.- *Eliminar despilfarro en operaciones* significa añadir valor a través de un incremento en la eficiencia así como un incremento en la capacidad de producción.

9.- *Eliminar despilfarros en la puesta a punto* significa reducir los tiempos de puesta a punto de equipos y procesos así como los costes de ensayo de producción en masa de nuevos productos.

Incrementando el valor añadido o reduciendo los costes fijos, los esfuerzos de eliminación del despilfarro trabajan para mejorar el índice o nivel del punto muerto (Figura 2-6). Este es el punto de contacto entre el CPS y la contabilidad financiera así como el punto de partida para las actividades CPS. Aunque la mejora global en las operaciones es la intención inmediata del CPS, su objetivo último es la rentabilidad que apoya la continuidad de la vitalidad y crecimiento de la compañía.

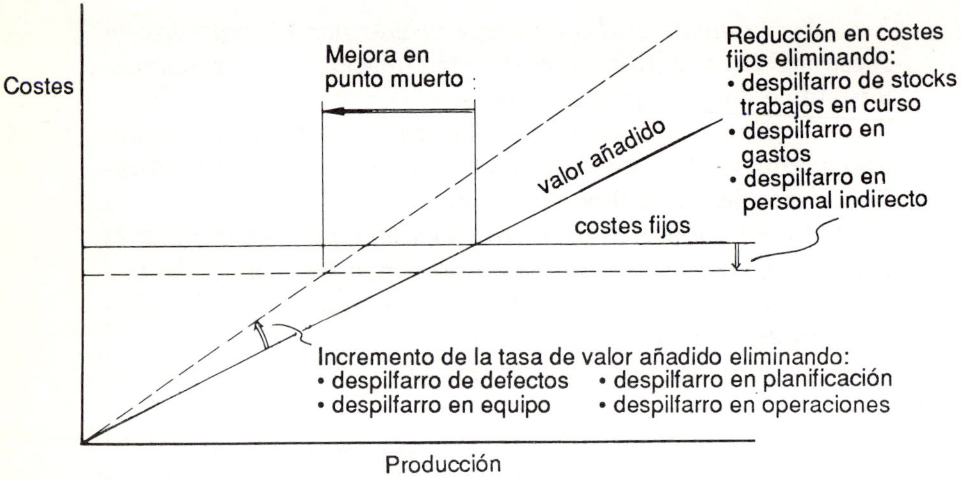

Figura 2-6 Esfuerzo de eliminación del despilfarro y el punto muerto

LAS CUATRO INVERSIONES

El programa CPS de eliminación del despilfarro está diseñado para reducir el despilfarro *ahora*, a través de los esfuerzos que implican al personal de línea de todos los niveles. La planificación de una compañía con futuro que pueda responder rápidamente al cambio, donde el despilfarro no pueda ocurrir, es una estrategia que implica a los niveles altos de la dirección de la fábrica – *las Cuatro Inversiones:*

- Nueva tecnología
- Desarrollo de los recursos humanos
- Equipo
- Bienestar humano

El concepto de cuatro inversiones se desarrolló para tratar con las necesidades de recursos identificadas a través de las actividades de eliminación del despilfarro y para planificar sensitivas, sistemáticas reinversiones de los beneficios de eliminación del despilfarro.

Actualmente, las inversiones en nueva tecnología tienen alta prioridad e incluyen investigación y desarrollo en tecnología de fabricación de alta precisión, implementación de nuevas técnicas para simplificar el uso de nuevos materiales, y temas análogos. Este es un paradigma importante en Canon: continuar el desarrollo de productos «que señalen la diferencia». La inversión en equipo es también importante para determinar el perfil de la fabricación en el futuro próximo. Para utilizar el equipo que provea la máxima flexibilidad, es esencial identificar las tendencias en tecnología de «hardware» y «software».

Las inversiones en recursos humanos incluyen el entrenamiento interno y otros programas educacionales. Como los gastos en este área raramente producen un efecto inmediato, lo más importante es contemplar el futuro, planificar y adoptar acciones tempranas. Las inversiones en bienestar humano se intenta que cumplan el compromiso de Canon con las necesidades del personal. El objetivo es construir un entorno de trabajo que enfatice al personal – confortable, estimulante y fácil de trabajar en él.

Claves para las mejoras fundamentales

Comprender y eliminar el despilfarro es la estrategia clave para una mejora corporativa permanente.

Hacia finales de 1983, los beneficios acumulados de la eliminación del despilfarro en Canon totalizaban alrededor de 450 millones de dólares. Actualmente, los esfuerzos de eliminación del despilfarro se enfocan primariamente en las operaciones indirectas más bien que en la producción, pero los ahorros continuan. La eliminación del despilfarro es la teoría; el CPS es la práctica. En los capítulos 3 al 10 examinamos en detalle como una concienzuda eliminación del despilfarro ha ayudado a Canon a hacer mejoras fundamentales en la línea (cap. 3), dirigiendo el proceso de nejora (cap. 4), dando énfasis a la fijación de objetivos para el día a día y el logro de los mismos (cap. 5), promoviendo la implicación de los trabajadores y los programas de entrenamiento (caps. 6 y 7), e implementando un sistema de producción altamente eficiente (caps. 8 al 10).

3
Construcción de un centro de trabajo superior

ESTRUCTURA DEL SISTEMA DE PRODUCCION DE CANON (CPS)

El objetivo de Canon en el Primer Plan de Compañía fue alcanzar la mejor calidad, los costes más bajos, y las entregas más rápidas del mercado – a través de una calidad fiable y segura, un sistema de flujo continuo y un desarrollo comprensivo de los recursos humanos.

La eliminación del despilfarro es la principal estrategia del CPS para apoyar este crecimiento; determina como se identifican y definen los problemas y como se calculan los resultados de las mejoras. Y, produce continuas mejoras (y beneficios) en cada aspecto de la compañía – equipo, personal, diseño, dirección y otros. Sin embargo, la sección de línea de producción o centro de trabajo es el punto de partida para todas las actividades de mejora CPS; construir el ideal del centro de trabajo superior es su último objetivo.

La figura 3-1 muestra los tres sistemas o «pilares» creados para apoyar este esfuerzo de mejora: 1) el *sistema de producción básico* centrado en la línea, relacionado con la calidad,

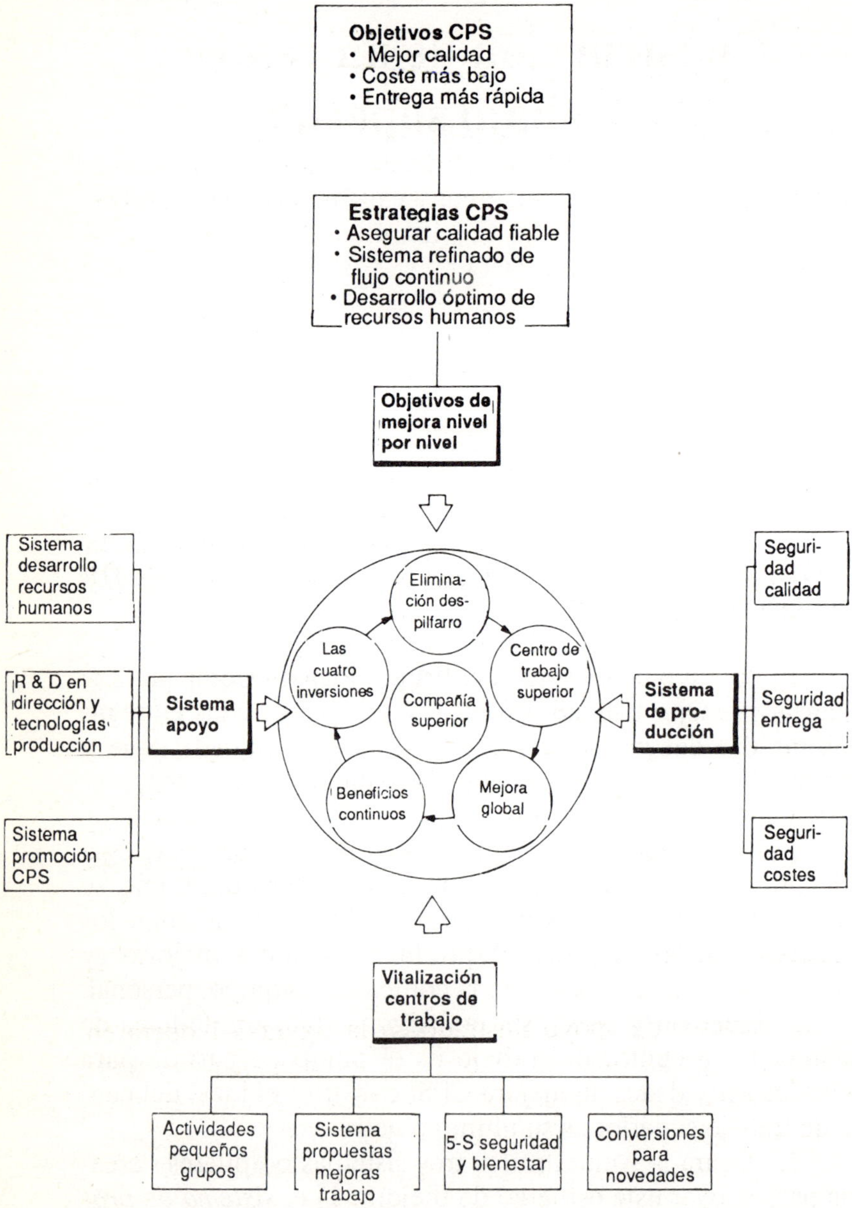

Figura 3-1 Organización básica del CPS

coste y plazos de entrega; 2) el *sistema de apoyo* centrado en el staff, que apoya los esfuerzos de la línea con tecnología de producción y técnicas de dirección; y 3) el *programa de vitalización de áreas de trabajo*, que promueve las mejoras continuas a través de las actividades de grupos estructurados.

Para alcanzar resultados eficientes, objetivos para cada nivel asignan funciones y objetivos a cada nivel de la organización. Entonces los beneficios resultantes de los esfuerzos globales de eliminación del despilfarro se reinvierten a las Cuatro Inversiones para reforzar el futuro de la compañía.

El sistema de producción básico

Tres sistemas separados aseguran la calidad óptima, los plazos de entrega y el coste. En el sistema de seguridad de la calidad, los gráficos de flujo QA, la estandarización, la capacidad técnica de los procesos y las actividades de mejora de la calidad ayudan a construir la calidad en cada fase del proceso de fabricación. El sistema de seguridad de los plazos de entrega utiliza los principios del kanban para conseguir plazos de fabricación más cortos y respuestas más rápidas ante el cambio – el sistema de flujo continuo como elemento esencial. Y, el sistema de seguridad del coste reduce y controla los costes a través de las actividades de los grupos de ingeniería de valores, de una dirección efectiva de las compras y los subcontratistas así como de la mejora de la calidad y productividad en la línea de producción.

El sistema de apoyo

El sistema de apoyo ilustrado en la figura 3-1 opera en cada nivel – en las oficinas centrales de la compañía y en cada fábrica. El sistema de desarrollo de los recursos humanos, analizado más adelante en el capítulo 7, provee entrenamiento en dirección y especializaciones técnicas, amplios programas educativos, y entrenamiento para personal que está fuera del país. Las tecnologías de dirección y producción precisas para las necesidades de Canon se desarrollan, introducen y apoyan por una variedad de proyectos especiales. Finalmente, el sistema de promoción del CPS organiza actividades en los niveles de compañía y fábrica, realiza funciones especiales y mantiene el sistema de premios (véase cap. 6).

Vitalización de las áreas de trabajo

Para la mejora del proceso es esencial conseguir una activa colaboración y los mejores esfuerzos de cada uno. Las operaciones de producción de Canon han sido revitalizadas periódicamente en el pasado con los movimientos «hacia el cero defectos» y el «orden metódico en las áreas de trabajo» y mediante reuniones para participar las técnicas de mejora y sus resultados. Con el CPS, estas actividades ahora se organizan y dirigen por separado como: 1) actividades de pequeños grupos, 2) la campaña de las 5 S, 3) el sistema de propuestas de mejora del trabajo, y 4) convenciones de novedades. Cada una de estas actividades se naaliza en detalle en el cap. 6.

CREACION DE UN CENTRO DE TRABAJO SUPERIOR: LOS IDEALES CPS EN ACCION

Los objetivos del CPS se consiguen a través de la producción en la más pequeña unidad operativa – la sección de línea o centro de trabajo. Por esta razón, todas las actividades de mejora CPS dentro de las secciones están orientadas a alcanzar la operación de producción más eficiente – el *centro de trabajo superior* (véase Figura 3-2-).

En un centro de trabajo superior:

- El rendimiento es consistentemente alto
- El personal mejora su entrenamiento
- Las operaciones se están mejorando siempre para eliminar el despilfarro
- Cada uno se adhiere a lo que se ha decidido (adhesión y seguimiento plenos)
- Cada uno puede percibir el estatus actual de las cosas (control visual)

Figura 3-2 Perfil de un centro de trabajo superior

Para crear un centro de trabajo superior deben estar presentes tres cosas. Primeramente, el entorno del centro de trabajo y el proceso de mejoras en sí mismo deben proveer continuas oportunidades de crecimiento a cada director, supervisor, trabajador y miembro del staff de apoyo. Esto significa participar información y proveer a cada uno con oportunidades para una participación significativa. Después, cada uno debe entender lo que se requiere para transformar la sección. Esto significa definir un ideal y la situación actual en términos concretos, identificando el desfase entre los dos, y después definir cuidadosamente los pasos planificados cooperativamente para cubrir el desfase (figura 3-3-, pasos 1-5). Tercero, debe desarrollarse un plan e implementarlo de manera que asegure el logro de los objetivos del CPS.

Creación de un centro de trabajo superior paso a paso

1.- Definir la condición ideal de la sección.	– (Construir un propósito común)
2.- Investigar las condiciones actuales y dibujar gráficos de estatus.	– (Identificar los problemas verificando el desfase entre realidad e ideal).
3.- Establecer objetivos semanales y diseñar un plan para alcanzarlos.	– (Participar información e ideas para construir cooperación entre línea y staff).
4.- Responsabilizar a cada uno de cada tarea bajo el plan.	– (Participación de todos con auto-motivación, auto-cuidado y auto-confianza).
5.- Registrar el plan en impreso de dirección y dibujar números de objetivos en el gráfico de estatus (véase fig. 3-4).	– (Participar información; clarificar responsabilidades).
6.- Poner en operación el plan.	– (Asignar tareas por área de responsabilidad).
7.- Registrar los resultados en el gráfico de estatus y estudiarlos.	– (Reexaminar problemas en términos de los nueve despilfarros y las cuatro inversiones).
8.- Evaluar el plan.	– (Reexaminar ideas).

Figura 3-3 Creación de un centro de trabajo superior paso a paso

Un plan con éxito requiere la cooperación de todos y la voluntad de hacer «lo que se haya decidido» – observando y rastreando el progreso y reevaluando y ajustando el plan, si es necesario, sobre una base diaria (Figura 3-3, pasos 6-8). En orden a mantener informado a cada uno –un aspecto importante del control visual– los objetivos a alcanzar en los planes y los resultados se incorporan en gráficos de dirección del centro de trabajo y en los gráficos de resultados del centro de trabajo (véase figura 3-4 y fotog. 3-1).

Ganar la cooperación de cada uno en el esfuerzo de mejora puede ser difícil cuando la comunicación entre niveles es lenta o restringida. Antes de la creación del CPS había siete niveles jerárquicos entre el director de fábrica y los trabajadores, y cuatro entre los trabajadores y el jefe de sección. Esta estratificación producía malentendidos y desconfianza entre niveles y apatía en los trabajadores.

Para superar estos problemas, cada sección de la fábrica se reorganizó en 1978 en bloques de 10-20 trabajadores dirigidos por un contramaestre que informaba directamente ante el jefe de sección (véase figura 3-5).

El sistema de bloques ha contribuido considerablemente al objetivo CPS de un centro de trabajo superior. Por ejemplo, ha dado la responsabilidad primaria de la supervisión y guía a una sola persona – el contramaestre. Como una supervisión efectiva es uno de los principios básicos del PAC (Análisis y Control de Rendimientos), este programa ha funcionado más efectivamente como un sistema de control de la productividad desde el cambio. Estrechar los lazos entre trabajadores, contramaestres y jefes de sección ha mejorado la comunicación, la participación y el espíritu de equipo, incrementando la productividad global.

Estudio de caso 3.1 - El enfoque del Centro de Trabajo Superior en la fábrica F

Antes de que se introdujese el CPS en la fábrica F, cada sección fijaba sus objetivos con independencia, Típicamente, los esfuerzos se aplicaban simplemente a alcanzar los objetivos del año en curso. Sin embargo, los principios CPS de eliminación del despilfarro entregan a la dirección de la fábrica una

Año: ....

Gráfico de dirección centro de trabajo superior CPS

Categoría	Area de compromiso	Puntos principales	Persona a cargo	Plazos: Programa fechas	Plazos: Fechas terminación	Año: ___ Cantidad actual	Año: ___ Cantidad objetivo	Plan y resultados mensuales: 1	2	3	4	5	6	7	8	9	10	11	12

Figura 3-4 Gráfico de dirección para centro de trabajo superior

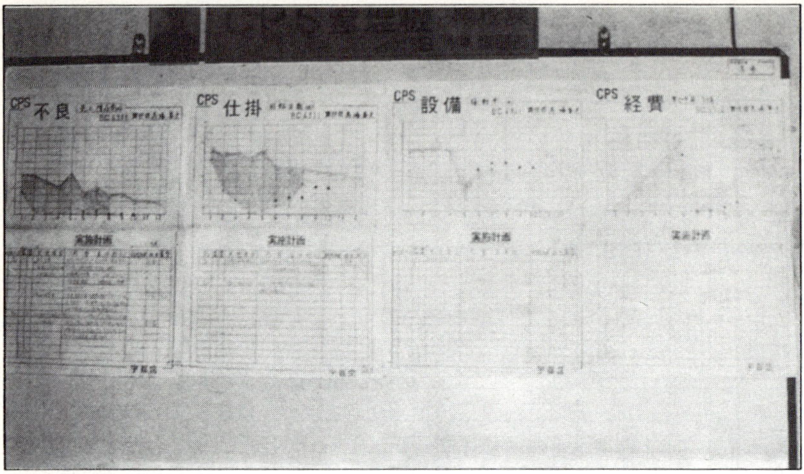

Foto 3-1 Gráficos de logros del centro de trabajo

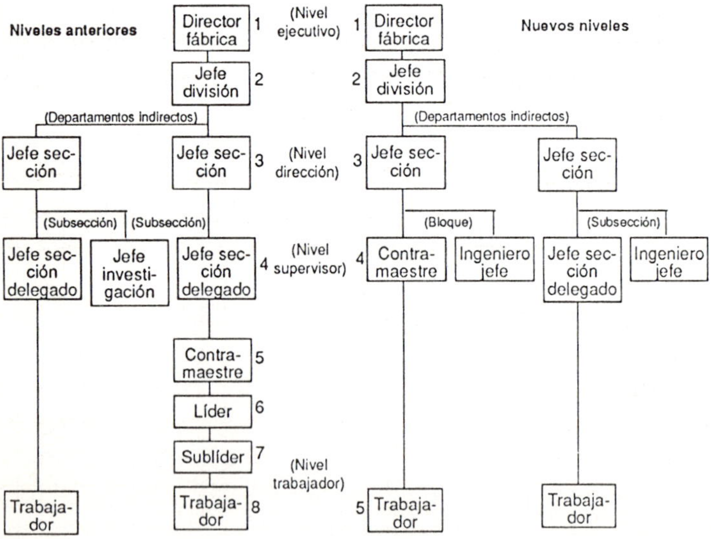

Figura 3-5 Organización de nueva fábrica

medida común para utilizar en la evaluación de las operaciones de secciones diferentes y en la planificación de mejoras a largo plazo. La calidad y la productividad empezaron a mejorar dramáticamente conforme los jefes de sección se concentraron en los nueve despilfarros al planificar y los contramaestres empezaron a atacar los excesos de trabajos en curso, los defectos y el despilfarro en los movimientos sobre una base diaria.

En 1979, la Sección de Fabricación 2 tenía 4,3 días de trabajo en curso en valor monetario, una tasa de defectos del 0,94 por ciento, y una tasa de rendimiento del 92 por ciento. En aquel momento, el jefe de sección anunció su intención de ganar el premio del centro de trabajo superior –el mayor honor que podía recibir una sección– en 1981.

Comenzó iniciando un proceso de educación para asegurar que todos los trabajadores, contramaestres y miembros del staff entendiesen en profundidad los principios de eliminación del despilfarro y su propio rol dentro de los mismos. A los trabajadores nuevos se les sometió a sesiones de información exhaustivas; los trabajadores que no habían dominado los temas plenamente volvieron a estudiar en días libres el material preparado. Los contramaestres se comprometieron a ganar el premio, ¡sin importar el esfuerzo!, y su compromiso empezó a afectar a los trabajadores. Más y más trabajadores empezaron a participar en reuniones de estudio CPS para expresar sus opiniones y preguntar cuestiones puntuales. Grupos de trabajadores permanecían en los talleres con posterioridad a las horas de trabajo para discutir en animadas discusiones sobre planes para mejorar la maquinaria.

De esta forma, los principios CPS pasaron de un nivel a otro hasta que cada uno se sintió confortable dentro de los mismos. Por ejemplo, en el pasado, cuando se habían excedido los límites de control, algunos contramaestres habían permitido a los trabajadores proseguir sin adoptar acciones correctivas. A menudo, no se adoptaba ninguna acción hasta que los defectos empezaban a mostrarse en los procesos siguientes. Ahora, se han introducido métodos estadísticos para manejar datos internos en cada sección. Y en cada estación de trabajo se mantienen gráficos de control de eliminación del despilfarro y se actualizan cuidadosamente. Cuando aparecen cualesquiera números anómalos sus causas se investigan rápidamente y se indican en los gráficos.

Cumplir las promesas es un objetivo diario importante.

Si esto parece como un objetivo excesivamente simple, considérese lo que ocurre cuando las piezas o herramientas no están listas en las fechas comprometidas, cuando ocurren defectos porque los estándares establecidos no se siguen, o cuando los documentos no se producen en el momento oportuno. Estos fallos son comunes o previsibles, pero es considerable la pérdida acumulada que crean en cualquier período dado. Claramente, si todos los niveles cumplen consistentemente sus promesas, la corporación obtiene ganancias y un indubitable perfil competitivo.

Para conseguir esto, muchas secciones definen un compromiso. En una sección se denomina la directriz KSY (de las palabras japonesas que significan «compromisos de honor inmediatos»). Otra sección tiene su directriz KKJ («Seguir los compromisos en cada momento»).

En la sección de Fabricación 2, esta directriz se denomina PDS (de las palabras inglesas «planificar-hacer-comprobar»). Se le ha dado este nombre porque la habilidad para cumplir los compromisos depende de una planificación cuidadosa y de frecuentes ajustes del plan basados en la evaluación de los resultados actuales. Cada persona de la sección mantiene un cuaderno de notas PDS, para mantener el seguimiento de las tareas asignadas y de los programas, y estar seguros de que se realizan. Y para reforzar el esfuerzo del grupo, un gráfico del estatus de los compromisos de cada uno se coloca en la pared detrás del despacho del jefe de sección donde puede verse fácilmente. Un círculo indica una promesa realizada y una X una promesa fallida. Al principio, las X era en promedio de un 20 a un 30 por ciento, pero gradualmente fueron sobrepasadas en forma aplastante por los círculos.

La figura 3-6 muestra la mejora en todos los indicadores de dirección resultantes de los esfuerzos de las secciones. Los cambios en los centros de trabajo en sí fueron sorprendentes, La limpieza en las áreas de trabajo resultó tan importante en las actividades de mejora de los trabajadores, que los visitantes a menudo preguntaban como una sección que empleaba lubricación podía mantenerse tan limpia.

Se introdujeron muchas mejoras valiosas:

Candidato: Sección fab. 2 **Representante:** ______________	**N.º de personas:** direct. 92, indirectos 14 (a 8 Dic)

Situación en el último año:

• Esta sección (proceso piezas para chasis de acero de cámara) se ha visto presionada por incrementos anuales de producción y nuevos planes (nuevos productos, revestimiento SGS, óptica MO, etc.).

• En 1979 quedamos en segundo lugar como Centro de Trabajo Superior. Sin embargo esto no se debía tanto a la eliminación del despilfarro como a la conexión entre incrementos de producción, nuevos planes y aumentos de productividad del CPS. No sabíamos como eliminar el despilfarro (incremento eficiencia) sin incrementar la producción al mismo tiempo.

• Con más de 200 personas, algunos detalles se ignoraban. Pero en 1980, la vieja sección 2 se dividió y sistemas de trabajo y trabajadores han adquirido un perfil nuevo.

Objetivos enfatizados este año	**Pasos concretos:**
¡Estamos determinados a ser el Centro de Trabajo Superior este año! 1.- Campaña PDS – Un método para llevar hasta el final incluso las mejoras complicadas confiablemente y en programación, producir un efecto planificado en OUTPUT.	Plan de promoción: Planes anual, a 6 y 3 meses. 1.- Descomponer en detalle el plan, detallar cosas a hacer, personas responsables y programa – un punto por página. Visar hojas PDS (planificar, hacer, verificar) para evitar omisiones. 2.- Revisar y corregir cifras objetivo en caso de cambios en producción, paradas o nuevos planes. 3.- Eliminar desfases en todos los tipos de hojas de planificación en las reuniones mensuales de estudio CPS.
2.- Participación total en CPS– ¡Conseguir que todos participen y den sus ideas! (Muchas pequeñas mejoras-grandes resultados) – incrementar conocimiento y cooperación de cada uno.	Para mejorar participación: 1. Reuniones CPS mensuales de bloques (contramaestre y trabajadores). • Programar después del horario o durante períodos de descanso de forma que todos puedan asistir. • Fijar programa a primeros de mes. • Los pequeños grupos de estudio asignan temas, participan ideas y revisan resultados planes. • El staff de la oficina de la fábrica y el jefe de sección participan como observadores para estimular y apoyar la participación y el seguimiento. 2.- Resúmenes bimensuales CPS restauran la fuerza (contramaestre, líderes y staff). • Perfilar planes • Seguimiento de problemas que no puedan resolverse dentro del bloque.
3.- Control visual– Hacer fácil de comprobar el proceso hacia los objetivos del plan – hacer que todos los problemas de la línea sean visibles de una ojeada.	1.- Hacer visibles plan y progreso. • Uso en todos los planes de las 5W y 1H (quién, qué, cuándo, dónde, porqué, cómo) • Todos los desfases se cubren cuando se haya completado la implementación. • Todos los cambios se revisan y ajustan inmediatamente. • Todos los cambios se señalizan visualmente de forma que puedan verse de una ojeada, en cualquier momento. 2.- Organizar la línea para hacer visibles los problemas. • Dirigir constantemente el centro de trabajo – reunir constantemente datos conectados con la acción (calidad, PM, etc.). • Establecer estándares, p.e., un lugar para cada cosa. • Hacer visibles los defectos: Gestión diaria, autodirección, dirección problemas a través paradas de línea. • Hacer visibles las tasas de eficiencia: Hacer que los planes de trabajo muestren las tasas de hora en hora.

Figura 3-6 Aplicación para el estatus de Centro de Trabajo Superior

Récords de 3 años (medias anuales)

Item \ Año	'79	'80	'81
Rotación trabajo en proceso	4,3	2,49	1,58
Tasa defectos	0,94%	0,382%	0,172%
«Performance» global	92,34%	98,47%	100,4%
Tasa de mejora	12,6%	5,8%	14,3%
Propuestas remitidas per capita	15,2	25,6	45,6
Tasa de asistencia al trabajo	96,5%	96,6%	97,1%

Efecto (Condiciones actuales - Visión del futuro)

(Condiciones actuales)

• El sistema actual ayuda a implementar con éxito los planes y asegurar que los problemas identificados durante la implementación se incluyen y tratan en el próximo plan. También facilita la rápida transferencia de las mejoras a otros centros de trabajo.

• Bajo el sistema actual, todos los trabajadores están implicados en actividades CPS y los índices objetivo para las actividades de pequeños grupos están conectadas directamente con objetivos CPS.

• Los objetivos del plan y el estado actual pueden compararse de momento a momento. Toda la acción adoptada se basa en datos.

(Resultados 81)

	Valor estándar	Valor objetivo	Efecto	Tasa de logro
Movimiento	82,0%	92,8%	100,4%	170,4%
Trabajos en curso	20.050 piezas/B	13.300 piezas/B	12.500 piezas/B	111,9%
Defectos	0,332%	0,191%	0,172%	110,0%
Planes de mejora		30 propuestas por persona/año	45,6 propuestas por persona/año	125,0%
Valor añadido	$117,40	$136,02	$150,95	$180,1%

(Visión del futuro)

1. Incremento de los niveles de logro del sistema actual.
   • Refinar método PDS.
   • Estandarizar las operaciones incluyendo intuición y «know-how».
2. Mejorar mantenimiento preventivo (PM).
   • Estabilizar y mantener mejoras actuales, promover entrenamiento operarios.
3. Construir un sistema que responda al cambio.
   • Mantener planes de trabajo, enderezarlos a mayor velocidad.
   • Mejorar el conocimiento tecnológico.

Figura 3-6 Continuación

- La productividad y la capacidad tecnológica de algunos equipos se incrementaron elevando los estándares de operación, mejorando el sistema de mantenimiento preventivo, y adoptando medidas para mejorar la vida útil de las cuchillas en las operaciones de mecanizado.
- En la línea de montaje manual un sistema de rotación en la mitad del día incrementó la versatilidad de los trabajadores.
- Un sistema de «selección a primera hora del día» se introdujo para reducir el trabajo en curso hasta un día en las operaciones de fabricación multi-modelo y en pequeños lotes. (Esta directriz para asegurar el cumplimiento del programa de producción de cada día, p.e., la «selección a primera hora del día», se explica en detalle en el capítulo 8).

Como resultado de los contínuos esfuerzos en éstas y otras áreas, la Sección de Fabricación 2 resultó ganadora del premio Centro de Trabajo Superior en 1981.

Claves para la mejora fundamental

Concentrar los esfuerzos de mejora en las pequeñas unidades de producción rinde los resultados más elevados.

El centro de trabajo es el lugar en el que deben enfrentarse los desafíos de productividad y calidad. Por esta razón, es el centro de toda la actividad de mejora en el sistema de producción de Canon. Cuando cada sección trabaja para eliminar el despilfarro y alcanza las condiciones operativas más eficientes, la compañía entera se beneficia.

Sin embargo, un compromiso global de la compañía para la mejora continua no puede mantenerse, sin un efectivo apoyo administrativo. El capítulo 4 describe el apoyo CPS básico de la organización y algunas de las redes de comunicación y actividades de participación de la información que promueven la mejora día a día en cada fábrica a través de toda la compañía.

4
Asegurando la mejora continua: Administración del sistema de producción de Canon

DIRECCION DE LA MEJORA - PRINCIPIOS BASICOS

El propósito del CPS es mejorar y reforzar las operaciones de producción concentrándose en el cumplimiento de objetivos y la mejora en el nivel de las líneas. Para poder realizar esto, la administración CPS provee una estructura para un proceso simple y ordenado de recibimiento planificado. Primero, se fijan objetivos numéricos de beneficios de eliminación del despilfarro y para varios indicadores de dirección (tasa de defectos, productividad, etc.) Entonces, para conseguir estos objetivos, se preparan planes de implementación día a día y de objetivos periodificados y se ponen en acción. Para lograr que este proceso funcione con éxito en una compañía tan grande como Canon se requiere una dirección efectiva y apoyo. Cada fábrica dirige su proceso de mejora con pequeñas diferencias, pero todas siguen los mismos principios básicos.

Enfasis en la mejora contínua, global

El beneficio total por la eliminación del despilfarro se

expresa en dólares cuando se planifican o anuncian los resultados de fàbrica. Sin embargo, cuando el CPS envía a las fábricas los objetivos para los indicadores de dirección, aparecen como una tasa recomendada de incremento o decremento sobre el año anterior más bien que como un número absoluto. De este modo, la mejora se contempla siempre como un proceso continuo.

Enfasis en planificación

Cada fábrica prepara un plan de objetivos a conseguir en el año, tomando en cuenta los objetivos recomendados sobre los indicadores de dirección por el CPS y otros factores tales como los objetivos del plan trianual y las políticas del grupo de productos. Este plan de objetivos a alcanzar sirve como base para los planes individuales preparados por los distintos niveles de cada fábrica.

La planificación implica a todos

La planificación comienza en las unidades más pequeñas con auto-dirección y actividades de mejora de pequeños grupos que emplean el ciclo «planificar-ejecutar–verificar». La planificación (basada en la identificación local de problemas y en recogida de datos) sube de nivel en nivel (bloque → sección → división → fábrica). La asignación de objetivos se mueve de arriba a abajo (fábrica → división → sección → bloque). Los objetivos planificados se evalúan y ajustan en cada nivel en términos de su practicidad, urgencia y balance con otros compromisos.

La participación en la información vitaliza las áreas de trabajo

Las personas del exterior de la compañía se sorprenden a veces del número y de la variedad de las convenciones y reuniones que se organizan (para participar en objetivos y logros) patrocinadas por el CPS. Sin embargo, estos eventos promueven una atmófera abierta, saludable; las personas aprenden a participar en la información y en el «expertise» de todos, fácil y eficientemente, en orden a conseguir los objetivos comunes.

Fundamentos anteriores del CPS

Muchas de las medidas de mejora adoptadas como parte del CPS tenían ya importantes desarrollos previos en la organización existente. Por ejemplo, el sistema de bloques y la sistematización de las funciones para asegurar la calidad, el coste y los plazos de entrega, han provisto un sólido fundamento para el CPS dentro de las operaciones de fabricación.

Este capítulo se centra en las organizaciones del CPS y actividades de dirección que apoyan el sistema, particularmente las que promueven una comunicación efectiva y la participación en la información. La fijación de objetivos y la planificación se describen en el capítulo 5, y la vitalización de las áreas de trabajo y las reuniones de anuncios en el capítulo 6.

ADMINISTRACION CPS

El sistema de producción de Canon se promueve mediante:

- *organizaciones de apoyo* que operan dentro de las estructuras de la compañía y de las fábricas;
- *grupos de discusión y planificación*, p.e., grupos de estudio, comités, conferencias, o grupos de proyecto; y
- *programas especiales de dirección superior* para el intercambio de información y técnicas.

Organizaciones de apoyo del CPS

Conforme el CPS adquiere fuerza y presencia en las líneas de producción, se establecen organizaciones de apoyo con staff permanente en las oficinas centrales de la compañía y en las fábricas (véase figura 4-1).

Organizaciones en fábricas. Los sistemas de apoyo en las fábricas se proveen para reforzar la seguridad en la calidad (QCD). La sección de Seguridad de Calidad establece los estándares de calidad del producto, diseña los gráficos de flujo QA, y es responsable de las mediciones de control y de la seguridad de las entregas. La oficina de Seguridad de Costes es responsable de la planificación de los costes de fabricación y de la promoción de la ingeniería de valores. La sección de Seguridad de la Producción establece los estándares de producción y los programas de comienzo para los nuevos productos, y promueve el sistema de producción HIT y mejora el flujo de materiales.

En cada fábrica hay también una oficina CPS dedicada exclusivamente a la promoción de actividades. Estas oficinas reunen y procesan los resultados sobre cumplimiento de objetivos y otros esfuerzos de mejora y patrocinan las reuniones de planificación y comunicación de logros; intercambian con otras fábricas técnicas de eliminación de despilfarros, promueven actividades de educación, y sirven como conexión de la fábrica con la oficina principal del CPS.

Organizaciones en oficinas centrales. En las oficinas centrales de la compañía algunas oficinas importantes forman parte del Centro de Tecnología de la Producción y de la División de Planificación de la Producción.

La Oficina de Promoción del CPS incluye las oficinas centrales para el sistema de propuestas de mejora del trabajo y para las directrices de los pequeños grupos así como para el CPS. Realiza evaluaciones de fábricas y estudios de ingeniería industrial para ayudar a mejorar los sistemas de dirección y producción. La Oficina de Entrenamiento CPS planifica, desarrolla y promueve el entrenamiento en la división de fabricación.

La Oficina de Promoción QA es responsable de los sistemas y métodos para la QA (seguridad en la calidad) y por la fijación de los estándares en tecnología de fabricación. La oficina de Promoción de la Ingeniería de Valores es responsable de la estandarización de las estimaciones de costes, del control de costes, y de la promoción de los proyectos de ingeniería de valores.

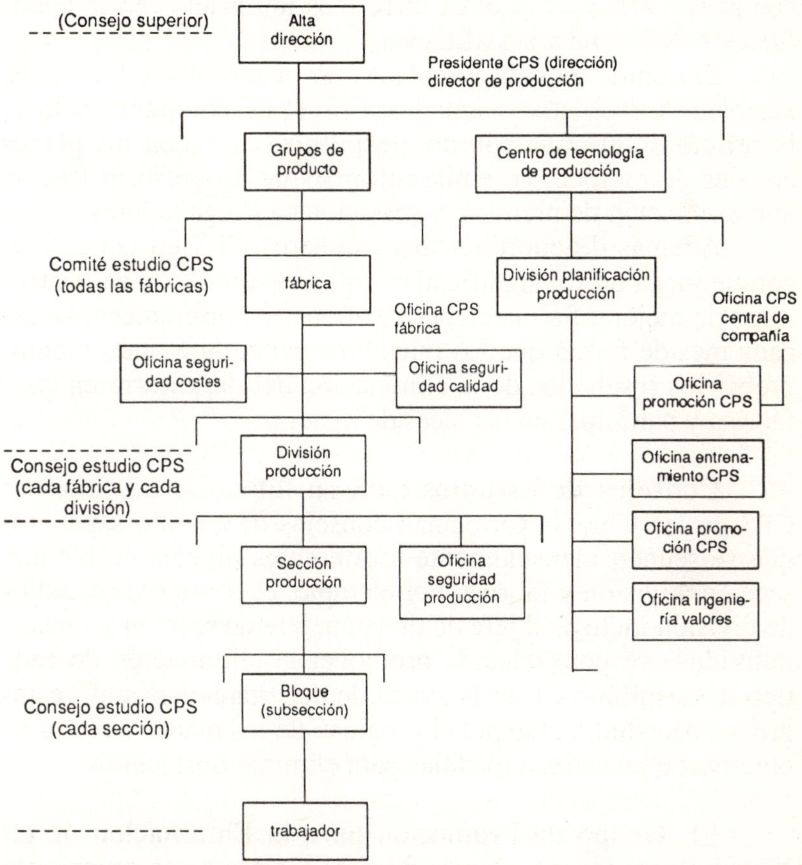

Figura 4-1 Organizaciones de apoyo CPS

Grupos de discusión y planificación del CPS

Comité de Estudios del CPS de Compañía. Este comité es el cuerpo de decisión más alto dentro del sistema de producción de Canon. Sus miembros incluyen el presidente del CPS (director general de producción), el director de los Centros de Tecnología de la Producción y de la Seguridad de la Calidad en las oficinas centrales, todos los directores de fábrica y jefes de división de fabricación, altos directivos de las compañías afiliadas, y otros directivos implicados en la planificación de Canon y sus afiliadas.

El comité estudia los planes de promoción a tres años, establece los objetivos anuales a nivel de compañía para el beneficio de eliminación del despilfarro, aprueba los planes anuales de promoción, emite informes de progreso, patrocina la presentación de premios, y selecciona a los ganadores.

Además de coordinar los esfuerzos CPS en general, el comité juega un rol significativo en la diseminación de las técnicas de mejora. Se mantienen reuniones en diferentes fábricas cada mes de forma que los miembros del comité pueden comprobar los resultados de la eliminación del despilfarro en cada fábrica y participar en las ideas de mejora.

Consejos de Estudios CPS en fábricas. Las oficinas CPS de las fábricas patrocinan consejos de estudio separados que se reunen mensualmente a diferentes niveles de bloque, sección, división y fábrica. Por ejemplo, el consejo de estudios de división incluye al jefe de división, jefe de sección y línea, e individuos responsables de promover la eliminación de cada tipo de despilfarro. Con la ayuda de departamentos staff, estos grupos de estudio rastrean el progreso de los planes anuales de objetivos e investigan medidas para eliminar obstáculos.

El Grupo de Promoción para la Eliminación de los Nueve Despilfarros. Dentro de cada fábrica estos grupos son una representación cruzada de todas las funciones de la compañía. Sus actividades se organizan por tipo de despilfarro, de forma que se incluyen representantes de cada aspecto de la producción, desarrollo y operaciones de apoyo indirecto. Las funciones principales de los grupos son analizar los resultados de la eliminación del despilfarro y promover el desarrollo o transferencia de técnicas y métodos efectivos.

Personas individuales en cada fábrica y cada división son responsables de promover la eliminación de cada tipo de despilfarro y se mantiene una oficina central para cada despilfarro en las oficinas centrales de la compañía. Tomando los defectos de calidad como ejemplo, el jefe de la sección QA (seguridad de calidad) de cada fábrica es un miembro del grupo, y la oficina central para el despilfarro causado por los defectos se administra por el director del Centro de Seguridad de Calidad.

Para apoyar los esfuerzos de eliminación del despilfarro, los grupos de promoción promueven el desarrollo e intercambio de técnicas de eliminación del mismo entre fábrica y fábrica y sección y sección.

El grupo también conduce estudios de aplicación. Por ejemplo, se confrontan los tipos de despilfarro en la fábrica en su conjunto y en los centros de trabajo individuales. Como resultado, cuando los niveles de eliminación global mejoran en un área, los miembros del grupo vuelven su atención a veces a las áreas que no mejoran o mejoran menos. Sin embargo, el grupo de promoción de la eliminación del despilfarro investiga cada área de despilfarro independientemente para identificar porqué los indicadores mejoran o no mejoran, y que puede hacerse sobre ello. Los grupos han sido particularmente efectivos en operaciones que han venido usando herramientas fijas en las que no se ha hecho ningún progreso. Han sido también útiles en situaciones en las que pueden obtenerse rápidos resultados, simplemente facilitando ideas y métodos ya en uso en otras fábricas. Este enfoque de los grupos para localizar problemas, organizado por tipos de despilfarro, hace un «corte cruzado» en las actividades de eliminación del despilfarro de las líneas y ha producido un incremento en la mejora global.

En algunos casos, se forman grupos altamente especializados para tratar con modificaciones que pueden cambiar sustancialmente la operación del trabajo o proyectos que requieren un largo período de desarrollo. Por ejemplo, el Comité de Promoción de la Seguridad en la Producción, que maneja el sistema HIT, se formó para tratar del despilfarro del trabajo en proceso, y el Comité de Comunicación para el Mantenimiento Productivo se formó para tratar con el despilfarro en equipo. El Comité de Estudios de Preparación de la Producción se formó para tratar del despilfarro en el lanzamiento de nuevos productos. El último Comité está patrocinado por el director del Centro de Tecnología de la Producción, y sus miembros son jefes de división de cada fábrica. Su principal función es conducir estudios del sistema de preparación y lanzamiento de nuevos productos.

Intercambio de información en la dirección superior

En lo que se refiere a las mejoras, cada fábrica tiene sus propias operaciones de producción y áreas únicas de interés. El esfuerzo invertido en mejoras puede también variar dependiendo de la seriedad del problema enfocado, los métodos utilizados para superarlo y el nivel de implicación de los trabajadores. Los directores de fábrica necesitan diagnósticos individualizados y guía para sus problemas operacionales; necesitan también un modo de compartir sus ideas, experiencias y técnicas efectivas con otros directores que estén tratando con la misma clase de problemas. Dos programas responden a estas necesidades: las Visitas del Doctor –visitas personales del presidente del CPS– y la Operación «Catchball» – forums de discusión para jefes de sección que enfrentan los mismos problemas.

Las Visitas del Doctor. El Director General Yamagata (Director General de Producción y Presidente del CPS) hace una ronda de visita en cada fábrica una vez al mes en promedio (Fotografía 4-1). En ese momento, el director de fábrica y los jefes de división le informan de los progresos en los esfuerzos de mejora – el cumplimiento de los objetivos planificados, beneficios CPS actuales, y contramedidas utilizadas en problemas específicos. El Sr. Yamagata expone entonces sus comentarios y sugerencias. Utiliza su familiaridad con los logros realizados en otras fábricas y su propia y larga experiencia como director de fábrica y presidente de una compañía afiliada. Puede comentar una solución propuesta, sugiriendo nuevos enfoques en un área en la que se ha hecho poco progreso, o identificar un problema que no ha sido advertido por el director de fábrica.

Las visitas del Presidente Yamagata son invariablemente estimulantes y un desafío, no solamente en razón de su estatus en la compañía, sino también por su extensa y larga experiencia. Conforme pasa a través de las líneas de producción, examina cada plan, progreso y gráficos de realizaciones minuciosamente. No duda en sacar a relucir problemas, aunque a su modo de hacerlo puede forzar a personas a parar a pensárselo. Puede decir, por ejemplo, «Este plan suyo es un plan para toda la vida». Si la persona a la que se dirige piensa que lo que el Sr. Yamagata dice significa que el plan es lo suficientemente bueno como para estarlo usando toda una vida, está profundamente equivocada. Lo que realmente ha escuchado es que un plan que es lo suficientemente abstracto como para poder

Foto 4-1 Director general Sr. Yamagata

Foto 4-2 Director Centro Tecnología de la Producción, Sr. Naitoh

hechar raíces puede usarse una vida entera sin resolver los problemas. Sin embargo, no suele existir razón para que la persona criticada se sienta descorazonada. El director general no distribuye estigmatizaciones. En cuanto se mide eliminación de despilfarro en términos de beneficios o mejoras, siempre se reconoce y enfatiza el progreso actual de toda persona.

Operación «Catchball». Las Visitas del Doctor proveen un contexto formal para conversaciones con los directores de fábrica y jefes de división; la Operación «Catchball» reune a los jefes de sección para «pelear» juntos con ideas y problemas. Los jefes de sección que gestionan operaciones similares tales como montaje en grandes lotes o acabados exteriores, se reunen con el Sr. Naitoh, Director del Centro de Tecnología de la Producción (Fotografía 4-2), para discutir tecnologías relacionadas y métodos de dirección.

El director, Sr. Naitoh, utiliza estos forums para reunir información sobre las condiciones actuales y problemas y para informar a los participantes de nuevas directrices que se estén considerando para el sistema de producción. Sin embargo, el propósito principal de estos forums es permitir el intercambio de información y de técnicas de resolución de problemas entre los jefes de sección. Los participantes presentan ejemplos concretos de problemas que no han podido resolver; a veces visitan el área de trabajo de un miembro del grupo y discuten problemas in situ. Cuando no puede encontrarse una solución, se forma un equipo para hacer un estudio adicional. A veces las discusiones hacen crisis y los participantes terminan consolándose entre sí sobre cómo en las áreas de los demás no se pueden apreciar problemas duraderos. Sin embargo, como estos grupos están compuestos por especialistas de todas las secciones, sus discusiones pueden a menudo ir más allá de las circunstancias de fábricas particulares resultando en mejoras globales de compañía.

Antes de la introducción de la Operación «Catchball» tenía lugar algún intercambio horizontal entre personas del mismo nivel de diferentes fábricas, pero estaba fundamentalmente confinado a jefes de sección de departamentes indirectos tales como tecnología de la producción, dirección de producción y test. Como no existía virtualmente ningún contacto entre jefes de sección de fabricación, la Operación «Catchball» ha sido muy bien recibida. Actualmente hay doce grupos de jefes de secciones relacionadas, con reuniones cada dos o tres meses.

Claves para la mejora fundamental

Dirigir la mejora significa participar en la información

La mejora significa crecimiento y cambio –dos cosas que no pueden ocurrir en un entorno de fabricación sin una comunicación completa, profunda y participación en la información a todos los niveles y entre departamentos.

Las comunicaciones deben ser abiertas y libres de recriminaciones para vencer la resistencia ante el cambio y la información participada debe ser concreta, objetiva y suficientemente detallada para promover el crecimiento. Este capítulo identifica las pautas de comunicación de producción en Canon que han sido formalizadas y reforzadas por las organizaciones y actividades del CPS. El capítulo 5 contempla el contenido de la comunicación – la estructura del modelo de Canon para la planificación de toda la compañía y su implementación.

5
Fijación y cumplimiento de objetivos: Planificación en distintos niveles

ENFASIS REFORZADO EN PLANIFICACION

«Primero planificar, después actuar» es la regla general de todas las operaciones CPS. Cada una de ellas está apoyada por un amplio plan a tres años y un plan anual de objetivos para la implementación día a día. Los planes anuales han llegado a ser modelos de precisión y efectividad, porque el CPS ha logrado hacer de la planificación una actividad automática alcanzando dos objetivos importantes: una mayor precisión en la planificación, y una mayor confiabilidad en la ejecución de los planes.

Para conseguir el primer objetivo, se enseña a todos los empleados la importancia de la planificación en el CPS y sus principios básicos, y se les da repetidas oportunidades para refinar su habilidad a través de la práctica actual, repitiendo una y otra vez la pauta de *planificar* → *ejecutar* → *planificar* → *ejecutar*. Este capítulo describe el proceso de planificación y las actividades prácticas que hacen de una planificación precisa una parte natural de la actividad diaria de cada empleado de Canon.

Cuando se pone en acción un plan, pueden aparecer discrepancias o diferencias, entre los números previstos y los actuales. En algunos casos estas diferencias están causadas por cambios en las condiciones con relación al momento en que se concibió el plan; en otros casos la causa es una inadecuada dirección de los desfases. Para manejar los desfases con efectividad y elevar la fiabilidad de la planificación, las discrepancias deben ajustarse o eliminarse conforme aparecen. En cada caso, se asigna a alguien inmediatamente la tarea de identificar la fuente del problema y rectificarlo. Esto controla las variaciones día a día y ayuda a asegurar una perfecta correspondencia entre el plan final y los resultados, p.e., *Plan = Resultados*.

Líneas de guía para la planificación

1.- El propósito de la planificación es ayudarnos a alcanzar nuestros objetivos.
2.- Antes de desarrollar un plan, identificar los pasos concretos que hay que adoptar y documentar la factibilidad de cada propuesta de mejora.
3.- Antes de implementar una mejora, estimar y evaluar los resultados esperados.
4.- Mantener informado a cada uno a través de controles visuales. Esto significa que cada plan final debe ser anunciado formalmente y colocado en paneles visibles.

La campaña CPS para mejorar la educación en planificación se promueve de varios modos. Primero y más importante, las personas se apoyan entre sí participando sus ideas y experiencias en planificación. Segundo. la actividad de planificación se enfatiza constantemente,. En reuniones a nivel de fábrica y compañía se presentan resúmenes de los planes anuales y sus resultados. Esta información se muestra de forma prominente (p.e., con «posters») en los centros de trabajo principales y programas y gráficos de estatus se muestran en cada área de trabajo. Tercero, la campaña se apoya activamente por la dirección del CPS. El Presidente del Comité de Estudios del CPS aconseja sobre los planes propuestos y con avisos amistosos sobre los desfases a través del Comité Central de Eliminación de los Nueve Despilfarros y del Programa de Visitas del Doctor descrito en el capítulo anterior. Finalmente, la planificación se trabaja en la rutina diaria de cada uno a través de una variedad de actividades estructuradas que son esenciales para el proceso de mejora continua – objetivos de mejora nivel por nivel, planificación para alcanzar los objetivos y auto-dirección.

OBJETIVOS DE MEJORA NIVEL POR NIVEL

En cada nivel de la organización, las funciones y objetivos de la dirección de planificación difieren, dependiendo del perfil de responsabilidades y de la estructura de periodificación. La figura 5-1 ilustra los objetivos concretos de diferentes niveles. Los directores de fábrica y jefes de división planifican mejoras amplias e innovaciones en las instalaciones y sistemas de las fábricas. Los jefes de sección y contramaestres se espera que incrementen la productividad a través de los esfuerzos de eliminación de los nueve despilfarros centrados en la cinco M – maquinaria, material, mano de obra, métodos y mediciones. En particular, los contramaestres deben trabajar en mejorar los rendimientos de los trabajadores, calidad y entorno de trabajo. Los trabajadores se deben centrar en la mejora del trabajo, persiguiendo la estandarización, «Fije las reglas de su propio trabajo y sígalas».

Los números objetivo para los jefes de división y sección están basados en el plan a tres años actual y en una implementación con éxito del plan anual. Los objetivos de un contramaestre, por otro lado, son la combinación de los números asignados a sus trabajadores.

Nivel	Estructura temporal	Magnitudes	Objetivo	Nombre distintivo
Director fábrica y jefes división	3 a 5 años	Renovación sistema cada 5 años	Sistemas equipo personal	«Nuevo cada 5 años»
Jefe sección	1 a 3 años	Reducción despilfarro 50% año	5 M	«La mitad cada año»
Contramaestre	De 1 mes a 1 año	3% incremento en 1 mes	Incremento productividad	«Tres cada mes»

Figura 5-1 Objetivos de mejora nivel por nivel

DE LA FIJACION AL CUMPLIMIENTO DE OBJETIVOS

Los objetivos de mejora del CPS (números proyectados de beneficios por eliminación del despilfarro) son la guía inicial presentada a las fábricas. Estas guías son un reflejo de los principales objetivos indicadores de dirección del plan a tres años actual y de los resultados reales del año anterior. Por ejemplo, el plan puede especificar una reducción del 40 por ciento en los defectos, una disminución del 30 por ciento en el tiempo de rotación del trabajo en proceso, y un 30 por ciento de incremento en la productividad. Con base en estos números y en los objetivos planificados de beneficio anual de los grupos de producto, la dirección de fábrica establece entonces sus propios objetivos indicadores y calcula los objetivos WEP de fábrica.

Los objetivos de la fábrica pasan de nivel nivel desde la división a la sección, y de la sección al bloque, para recalcular los objetivos de cada uno de esos niveles. Finalmente, los objetivos de los trabajadores se establecen para parámetros de su propio trabajo, p.e., tasas de eficiencia o defectos.

Una vez que se han establecido objetivos en cada nivel, la planificación para el logro de los objetivos comienza en cada sección de trabajo e implica a todos – jefe de sección, contramaestre y trabajadores. El primer paso en el proceso de planificación es seleccionar áreas en las que se puedan fijar objetivos de mejora.

La identificación de problemas es un proceso continuo en cada sección de trabajo; generalmente, el jefe de sección y el contramaestre tendrán documentadas 100 o más oportunidades de mejora dentro de la sección, considerando temas tanto de «software» como de «hardware». Sin embargo, la tarea de la planificación es calcular dónde las mejoras serán probablemente mayores. Los problemas últimamente seleccionados se clasifican en el plan sobre la base de su urgencia, la dificultad de solución y el beneficio esperado. Pueden verse los casos de estudio 5.1, 5.2 y 5.3 como ejemplos de la fijación de objetivos y de planificación de fábricas individuales. (Nota del editor: los cambios en operaciones, equipo, «layout, métodos de trabajo, etc.„ son las mejoras de «hardware», p.e., automatización de bajo coste o equipo pequeño de dedicación específica. Factores de dirección –modos de promover, medir y mantener la tasa de crecimiento– son las mejoras de «software, p.e., el proceso de planificación de objetivos nivel por nivel).

Típicamente, un plan anual de ejecución de los objetivos de fábrica incluye planes de mejoras detalladas desarrolladas en cada nivel por jefes de división, jefes de sección y contramaestres. Incluyen también planes para promover mejoras – reuniones de anuncio, exhibiciones de resultados individuales y de grupo, y otras actividades para estimular la participación. Estos planes promocionales usualmente se desarrollan por el jefe de sección y el contramaestre.

A lo largo del año, se mantienen reuniones mensuales de división y semanales de sección para informar sobre los progresos y estudiar los problemas que surgen. Y, entre reuniones, se realizan intensos esfuerzos de dirección para resolver cualquier desfase entre los números de los objetivos y los de los resultados actuales.

DIRECTRICES SOBRE AUTO-DIRECCION

En su declaración sobre objetivos de 1979, el presidente del CPS dijo, «Enfrentemos el desafío de la eliminación de los nueve despilfarros incrementando nuestras habilidades de auto-dirección». Su objetivo era clarificar y desarrollar el rol individual en el proceso de mejora. Deseaba promocionar la planificación en cada nivel, aún en las operaciones indirectas. Las actividades de auto-dirección en Canon promueven el desarrollo de la capacidad individual y responsabilidad en el contexto de un esfuezo de mejora en equipo. Se han diseñado también para mejorar la comunicación y los instrumentos de ésta.

¿Porqué se considera la auto-dirección tan importante? Cada investigación sobre las causas de las deficiencias en el trabajo o de los fallos, últimamente conduce al personal – a alguien que dijo no «a lo que se había decidido que había que hacer». Solamente cuando cada uno comprende completamente su propio trabajo puede superarse este obstáculo. Se requiere comunicación y cooperación activas entre supervisores y trabajadores. Idealmente, supervisores y trabajadores discuten los objetivos mutuos y áreas problema abiertamente, los trabajadores desarrollan métodos efectivos y mantienen a los supervisores informados de los problemas y resultados, y los supervisores proveen el apoyo necesario y recursos.

Más específicamente, los supervisores deben:

- Asegurar que cada trabajador comprende los objetivos básicos y métodos de la compañía.
- Verificar el trabajo individual y ayudar a dirigir el desfase entre objetivos y resultados actuales.
- Hacer más fácil la resolución de problemas discutiendo los mismos y las contramedidas con los trabajadores.

Los trabajadores deben:

- Fijar objetivos consistentes con las intenciones de los supervisores para el centro de trabajo y diseñar un plan de ejecución de los objetivos personales.

- Informar rergularmente al supervisor de los resultados y problemas.
- Esforzarse en una auto-dirección consistente y en la ejecución de los planes.

Establecimiento de bases para la auto-dirección

En las fábricas de Canon, los jefes de sección y contramaestres mantienen sesiones regulares de discusiones con los trabajadores, sobre una base individual o de problemas de área. Estas reuniones semanales o mensuales se utilizan para la instrucción en grupo, la identificación de objetivos, la resolución de problemas, y la participación de resultados. También se mantienen abiertos para todos los trabajadores registros de la ejecución que exhiben el progreso en planificación, productividad, eligibilidad por el mérito basada en el examen de la capacidad, número de propuestas de mejora del trabajo, y tasa de cumplimiento.

Se espera que los trabajadores identifiquen sus propias áreas de compromiso y piensen cuidadosamente sobre sus propias medidas de mejora y métodos. Preparan planes de ejecución individual de objetivos y los ponen en práctica utilizando herramientas de auto-dirección o de diseño propio o las hojas de *Plan y Seguimiento* (PF) ilustradas en la figura 5-2 Estas hojas pueden usarse para registrar resultados así como para planificación. Cada día el trabajador registra los resultados de las operaciones de trabajo, los problemas encontrados, y otra información pertinente. Este registro diario es usado entonces para preparar informes periódicos para el supervisor, quien responde con comentarios y sugerencias.

El programa de auto-dirección tiene algunos beneficios importantes:

- El programa últimamente provee el conocimiento y recursos que necesita cada persona para resolver cualquier problema.
- Los trabajadores desarrollan una pauta de trabajo racional y consistente: planificar → ejecutar → regular →

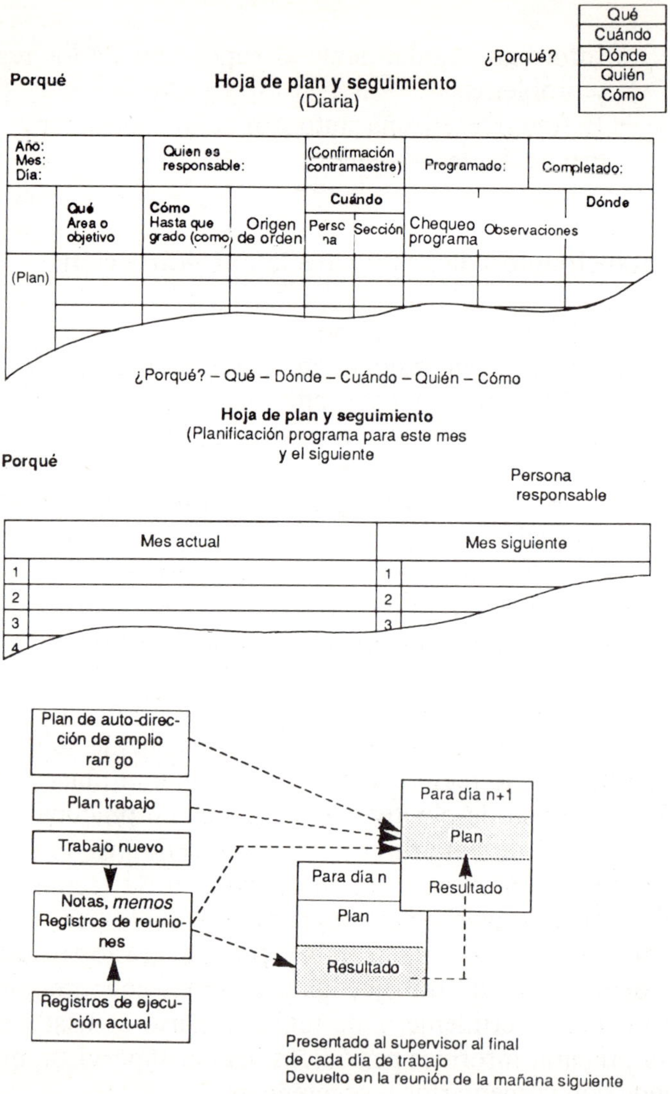

• Al final de cada jornada laboral, chequee el progreso del plan del día y regístrelo en la sección «Resultado».
• Revise los resultados del día junto con el nuevo trabajo y los planes previamente programados – registre el nuevo programa en la sección «Plan» de la hoja del día siguiente. (Use también la hoja mensual).
• Informe al supervisor al final de cada jornada laboral y presente las hojas PF de los días actual y siguiente.

Figura 5-2 Formatos de auto-dirección (Hojas PF)

reflexionar.

- Los trabajadores que identifican áreas problema y los resuelven por sí mismos tienen una moral más elevada y un mayor sentido de compromiso.
- La auto-dirección tiene un efecto expansivo en las actividades de mejora: 300 personas, cada una resolviendo diez problemas, produce 3.000 casos de éxito con una mejora global superior en los centros de trabajo.

La auto-dirección mejora la supervisión

Las actividades de auto-dirección también mejoran los rendimientos de los supervisores. Por ejemplo, para ayudar a los trabajadores a identificar sus propias áreas de responsabilidad, los supervisores deben observarlos de cerca y atender a sus necesidades con regularidad. Los supervisores de Canon encuentran que esta actividad los ha hecho màs hábiles en el manejo de sus propios problemas. Adicionalmente, las discusiones regulares de las áreas objetivo abren las comunicaciones de forma que pueden resolverse regularmente otras clases de problemas. Finalmente, para preveer una guía efectiva, los supervisores también deben chequear frecuentemente los progresos de los trabajadores. Muchos supervisores novatos encuentran difícil esta clase de trabajo, pero una vez que el chequeo forma parte de los hábitos confortables de trabajo, se encuentran a sí mismos como mejores líderes. Ejemplos adicionales de actividades de auto-dirección en Canon se describen en el caso de estudio 5.4.

CASOS DE ESTUDIO

Caso de estudio 5.1 – El plan de mejora de 100 elementos en la fábrica U

«Sentido de los problemas» – la habilidad para localizar problemas – es una frase popular en Japón. Pero, ¿qué hace que este sentido se desarrolle? No es suficiente imaginar una condición ideal y decir, «¡Quiero que mi puesto de trabajo sea como esto!». El sentido o conciencia de un problema surge cuando podemos definir una condición actual concretamente (en términos mensurables), calcular la diferencia entre esa condición y la ideal, y entonces identificar los pasos precisos para cubrir el desfase.

Conforme se centra la atención en el desfase existente entre las condiciones actuales y un objetivo deseado, resultan más aparentes los pasos prácticos que deben adoptarse. Conforme se eleva el objetivo, el desfase es mayor, y las tareas específicas son más numerosas y desafiantes.

Los directores y trabajadores refinan sus capacidades de planificación conforme aprenden a identificar y delimitar los pasos concretos requeridos para cualquier mejora. Desarrollar este sentido de los problemas es el objetivo a largo plazo contenido en el Plan de Mejora de 100-Elementos desarrollado en la fábrica U.

En la fábrica U, se pidió a todos los contramaestres que identificasen como mínimo 100 tareas que debían hacerse en sus áreas en orden a ejecutar los objetivos globales. Y cada jefe de sección debía identificar y tomar responsabilidad sobre 200 o más. La hoja de trabajo de la figura 5-3 ilustra en forma concreta el tema de la concienciación de los problemas. Estas hojas de trabajo se grapan en paneles en las áreas de trabajo de forma que puedan añadirse nuevos elementos continuamente. Las columnas verticales de izquierda a derecha de la hoja de trabajo son las siguientes:

- *Despilfarro*: el tipo de despilfarro causado por el problema (defectos, movimientos, trabajo en curso, equipo, recursos humanos, etc.).
- *Problema*: el despilfarro específico (el desfase entre las condiciones actuales y las ideales), descrito en detalle.
- *5 M*: la categoría dentro de las 5 M (maquinaria, materiales, mano de obra, métodos o mediciones) asociada con el problema.

Plan de mejora de los 100 ítems ◊ Estudio ◆ Planificación ★ Implementación Sección:

Categoría despilfarro	Plan	Medidas			Persona responsable		Programa				Resultados estimados
	Problema	5 M	N.º	Mejora	Línea	Infor.	1.ª sem 82	2ª sem 82	1ª sem 83	2ª sem 83	
Defectos	*Defectos supercicie G4B*	*Máq.*	*1*	*Colocar en posición más baja al pulir*	*Naka*	*Ogawa*	*◊ Ene.*				*Reducir de 1% → 0%*
	CN-2 colorante 1366	*Métod.*	*2*	*Membrana protectora, método calentamiento y de acabado*	*Naka*	*Ogawa*	*◊ Ene.*				*Reducir de 2% → 0%*
	Estabilidad proceso desbaste a la muela	*Máq.*	*3*	*Selección pastillas*	*Naka*	*Tamaka*	*◊ Mar.*	→			
		Métod.	*4*	*Reestudio cantidad abrasivo*	*Naka*	*Ogawa*	*◊ Mar.*	→			*Reducir rayados 1% → 0,5%*
	Grietas	*Máq.*	*5*	*Cambiar muela engranada en máquina GC*	*Okama*	*Soto*	*◊ Ene.*				
		Máq.	*6*	*Cambiar leva*	*Okama*	*Soto*	*◊ Feb.*	→			*(G4) 0,5% → 0%*
	Defectos externos ignorados	*Perso.*	*7*	*Entretenimiento para que todos puedan chequear*	*Fuji*	*Ouchi*	*◊ Ene. Marzo*				*De 2% → 0,5% o menos*
	Necesidad de aumentar precisión ajuste herramienta	*Mat.*	*8*	*Cambiar calidad a SKS 31*	*Nagai*	*Okai*	*◊ Marz.*				*De 0,5 → 0,2% o menos*
	Rápida pérdida de precisión	*Métod.*	*9*	*Selección placa pulido basto y máquina pulido*	*Nagai*	*Tamaka*	*◊ Ene. Febr.*				
Movimientos	*Toma tiempo calentar cubrejuntas lentes*	*Máq.*	*1*	*Aumentar output equipo calor*	*Nagai*	*Tamaka*	*◊ Ene.*				*50 min. → 10 min./día*
	Un trabajador de estriping debe esperar a que acabe otro	*Máq.*	*2*	*La posición trasera y lado frontal de lentes debe igualarse*	*Nagai*		*◊ Ene.*				
	Seleccionar material lleva tiempo	*Máq.*	*3*	*Levantar las lentes con bomba absorción*	*Nagai*	*Tamaka*	*◊ Feb.*				*20 min. → 5 min../día*
		Perso.	*4*	*Emplear tiempo perdido en otras operaciones*	*Nagai*		*◊ Ene.*				
	Demasiados chequeadores	*Métod.*	*5*	*Hacer rondas a intervalos fijados*	*Nagai*	*QA*	*◊ Ene. Marz.*				*4 pers. → 3 personas*
			6	*Mejoras método de medida*	*Nagai*	*QA*	*◊ Feb.*				
	Demasiados problemas máq.	*Métod.*	*7*	*Pedido diagnóstico a PM*	*Nagai*	*Inada*	*◊ Ene.*	→			*4 hr./mes → 1 hr./mes*
		Máq.	*8*	*Cambiar dirección boquilla*	*Nagai*	*Tamaka*	*◊ Feb.*				
	Queremos acortar tiempo	*Métod.*	*9*	*Uso junta universal*	*Nagai*		*◊ Mar.*	→			*10 min. mes → 5 min. mes*

Trabajo en proceso.	Problemas con manejo piezas modificadas	Métod.	1	Asignar personal a especializar en modificaciones	Ogawa		◊ Jun.				Reducir 15000 → 7000
		Máq.	2	Usar máquinas especiales para calentar y enfriar	Ogawa	Tamaka	◊ Mar.	→			
			3	Seleccionar 2 trabajadores para hacer modificaciones	Ogawa		★ Mar.				
	Queremos reducir almacenaje de piezas superficie A compl.	Métod.	4	Mejorar membrana protectora doble revestimiento	Ogawa		◊ Jun.				2000 → 1000
			5	Mejorar estante enfriamiento	Ogawa		◆ Jun.				
			6	Hacer más fácil el transporte	Ogawa		◊ Jun.				
Equipo	Aumentar tasa trabajo	Métod.	1	Sincronizar procesos previo y siguiente							
				Programar nivelación cargas	Fuji	Nakai	◊ Marz.				Funcionar con 12 en vez de 14 máqu.
	Suciedad base máquina de pulido	Máq.	2	Hacer fácil de manipular recipiente aceite	Ogawa	Tamaka	◊ Feb.	→	→		
Recursos humanos	Falta entrenamiento en personal segundo turno	Perso.	1	Usar tiempo solapado; realizar entrenamiento	Ogawa		◊ Feb.				
			2	Revisar entrenamiento trabajadores sección	Ogawa	Ouchi	◊ Ene. Jun.				
	Se necesita «feedback» información	Perso.	3	El personal del turno segundo escribirá observ. indiv.	Ogawa	Ouchi	◊ Ene.	→	Hacer esto continuo		
				(Condiciones, cuestiones, ítems para inspección)							
	Insatisfacción con instrucciones de trabajo	Métod.	4	Redactar guías de trabajo especiales para 2º turno	Ogawa	Ouchi	◊ Ene.				

Figura 5-3 Plan de mejora de 100 ítems/ejemplo (final)

(Nota del editor: como el concepto de los nueve despilfarros, las 5 M se usan universalmente en el análisis de causas de las actividades de mejora. «Sentido o conciencia de los problemas» o «localización de problemas» es algo que no se limita a Canon; es una característica básica en el enfoque japonés hacia las mejoras, vigorosamente practicado en muchas compañías japonesas líderes).

- *N.º*: numeración de cada elemento de mejora.
- *Mejora*: acción concreta requerida para alcanzar la condición ideal u objetivo (incluye consultas con departamentos relacionados).
- *Persona responsable*: persona que implementará la mejora.
- *Programa*: calendario para resolver el problema o implementar la mejora.
- *Resultados estimados*: cálculo de los resultados proyectados para la mejora, que ayuda a los planificadores a establecer prioridades para la implementación. Estos números pueden también utilizarse más tarde para comparación con resultados actuales.

Se siguen las siguientes instrucciones en la implementación de mejoras:

Cálculos de efectos. Cuando sea posible, se deben cuantificar los resultados esperados de la mejora.

Conexiones con departamentos staff. La acción unilateral puede conducir al fracaso, de forma que cuando las soluciones in situ no son posibles, debe solicitarse ayuda a los departamentos staff.

Cuando lo indicado son soluciones puramente técnicas, se requiere la asistencia del staff de tecnología de la producción. Hay que programar reuniones regulares y hacer una clara división de tareas y responsabilidades para asegurar una comunicación efectiva.

Chequeos del progreso. Indicar visualmente el estatus de los proyectos de mejora de forma que cada uno pueda seguir el rastro del progreso global. Por ejemplo, en la fábrica U, los proyectos de mejora se marcan en azul cuando comienzan y en rojo cuando se completan.

Los proyectos propuestos en planes de mejora a nivel de línea se consideran rutinariamente para inclusión en los planes de ejecución anual de objetivos de la fábrica U. Después de considerar factores tales como prioridades, periodificación y dificultades, se adoptan e incorporan a los planes los conceptos básicos de muchos de los proyectos.

Estudio de caso 5-2. – Reuniones a tres niveles y el Plan N en la fábrica T

El Plan N es un diseño para toda la fábrica para la mejora global y la realización de objetivos. La N que titula el plan se refiere a cuatro palabras inglesas utilizadas en los eslóganes que promueven su propósito. «Para cumplir el PLAN y crear áreas de trabajo EXCELENTES («Nice»), es NECESARIO que NUMEROSOS VECINOS («Neighbors») trabajen juntos... Pensar siempre sobre lo que es verdaderamente NECESARIO y presentar NUMEROSAS ideas de mejora».

Además de enfatizar la auto-dirección a través de las actividades de pequeños grupos, el Plan N incluye reuniones regulares de planificación y seguimiento a tres niveles – director de fábrica, división y jefes de sección. En estas reuniones todos los niveles de la dirección trabajan juntos para establecer consistentes objetivos (figura 5-4).

Típicamente, el director de fábrica abre la reuión y presenta sus objetivos en forma de sugerencias para el año siguiente. Durante su presentación, el director apoya sus sugerencias analizando los factores a considerar: el estado global de la fábrica, los objetivos del año anterior, y los requerimientos del plan actual a tres años.

Los participantes discuten los objetivos y ofrecen sus propios puntos de vista e intereses. Cuando la posición del director es ampliamente compartida y se han expuesto las ideas de cada uno, se elabora un documento final de síntesis y se aprueba por el director general. Más tarde, en otra reunión de grupo, los objetivos de los jefes de división y sección se completan en un proceso similar – en cada caso se basan en el plan de nivel superior y cada uno se desarrolla y aprueba a través de la participación de todos los niveles.

En estas reuniones de planificación, los objetivos se presentan siempre como sugerencias razonadas o deseos en orden a dejar abiertas las puertas al debate y a las diferencias de opinión. Como resultado, los objetivos finales e intermedios de cada nivel se desarrollan más refinadamente, y los directores de cada nivel tienen un sentimiento de compromiso y propósito compartidos. Las reuniones han mejorado en general la comunicación y cooperación en la fábrica, y aún con otros

Flujo de la realización de decisiones

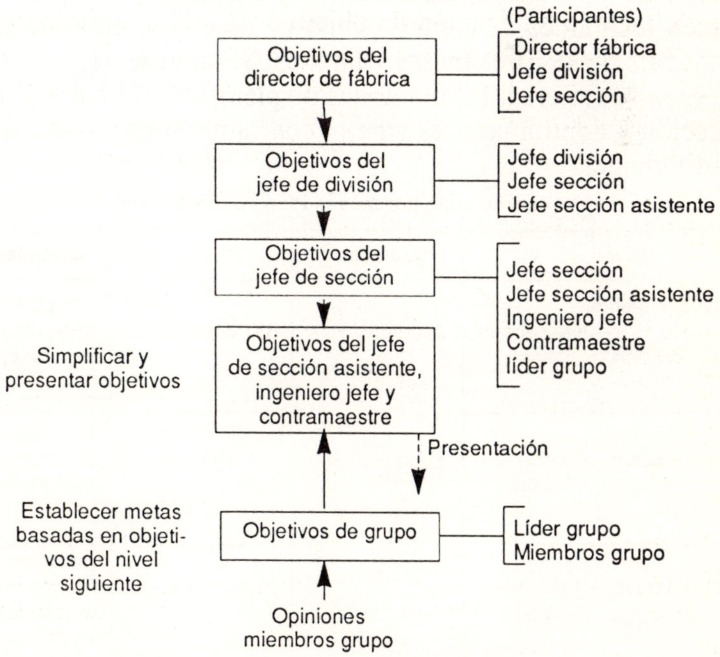

Figura 5-4 Fijación de objetivos a través de reuniones en tres niveles

departamentos. Por esta razón los esfuerzos de todos se coordinan más fácilmente hacia el cumplimiento de los objetivos.

Estudio de caso 5-3. – Dirección Inter-Nivel, Auto-dirección y Tarjetas del 3 por Mes en la fábrica C

La *dirección inter-nivel* se refiere a la práctica de entrevistas mensuales individuales entre directores y el staff o trabajadores para discutir el plan anual actual o áreas importantes de interés. En estas reuniones, el director o supervisor clarifica sus expectativas generales y las tareas específicas que debe realizar el trabajador. El trabajador también participa sus propios intereses, expectativas y objetivos para el mes.

En la figura 5-5, el número 631 indica la periodificación a la que se refieren las reuniones mensuales entre el director de fabricación, y los jefes de división y sección en las que se discuten los planes de cumplimiento de objetivos para los próximos seis meses, tres meses y un mes. Similarmente, con «321» y «21» se refiere a las reuniones de planificación entre jefes de sección y contramaestres y entre contramaestres y trabajadores individuales.

Acuerdo «uno por mes» • Plan «uno por mes»

Nivel	Interacción	Plan	Herramientas
Director fábrica – Jefe sección Jefe división	Acuerdo Plan	631 dirección	631 plan 631 gráfico evaluación
Jefe sección – Contramaestre	«Uno por mes»	321 dirección	321 Plan 321 gráfico evaluación
Contramaestre – trabajadores		21 auto-dirección	programa evaluación trabajo tarjetas 3 por mes

Figura 5-5 Proceso de dirección inter-niveles

El *sistema 21 de auto-dirección* es una característica clave del sistema. Implica a cada uno en la actividad de planificación – desde el jefe de sección al contramaestre y el trabajador individual – y centra su energía en el cumplimiento del plan. El eslogan «3 por mes» señala el compromiso de la fábrica para incrementar la productividad en todas las áreas el 3 por ciento cada mes, con un objetivo del 30 por ciento anual. (Nota del editor: El «3 por mes» o campaña «3 arriba» ha continuado en toda la Compañía Canon hasta la actualidad. El nivel de los incrementos mensuales de productividad se mantiene a través de continuas mejoras en todos los aspectos de la producción – métodos de trabajo, rendimiento de trabajadores, operaciones, equipos, producción y diseño del producto).

Reunión I del «3 por mes». En esta reunión preliminar, el jefe de sección y el contramaestre cumplen tres tareas importantes:

- *Establecimiento de propósito*: Acuerdan detalles específicos de la dirección de la sección para un período de 12 meses.
- *Consejo mutuo*: Discuten las debilidades y puntos fuertes de cada bloque y deciden qué pasos adoptar durante el mes.
- *Búsqueda de la unidad de esfuerzos*: El grupo explora la posibilidad de nuevas medidas o políticas para mejorar la sección.

Al final de la reunión, una propuesta planificada de «3 por mes» queda lista bosquejando las directrices para que la sección en su conjunto alcance un incremento de productividad del 3 por ciento en el mes.

El plan «3 por mes». Cada contramaestre utiliza la propuesta de planificación «3 por mes» para diseñar un plan «3 por mes» para su propia unidad. En este plan, asigna números de objetivos para grupos y personas en áreas tales como la mejora de la eficiencia, la reducción de la tasa de defectos, la actividad de propuestas de mejoras del trabajo, las 5 S, y las actividades de pequeños grupos.

Reunión II «3 por mes». En esta reunión entre contramaestres y trabajadores, se presenta el Plan de «3 por mes» para mejoras, y se discute y refina. Típicamente, la reunión ocurre durante las asambleas de mañana regulares o en algunas reuniones organizadas por problemas de área.

Tarjetas «3 por mes», Estas tarjetas de planificación son la característica más importante del sistema. En entrevistas uno a uno, el contramaestre ayuda a cada trabajador a entender las áreas problema identificadas en el plan y les explica como estarán implicados en la actividad de mejora. El trabajador escribe esta información y su propio plan en una tarjeta «3 por mes». La tarjeta sirve como programa de auto-dirección para cada trabajador, de forma que difiere algo de acuerdo con el área personal de responsabilidad, el grupo de trabajo, y los problemas encomendados. Sin embargo, todas las tarjetas «3 por mes» están diseñadas para incluir la siguiente información (véase figura 5-6):

- Registro mensual de resultados.
- Resultados diarios del presente mes.
- Evaluación a final de mes.

Todas las entradas en el impreso se registran por trabajadores individuales, y sus resultados se recogen mensualmente y revisan por el contramaestre y el jefe de sección. Los datos se usan para planificación en el próximo mes y como base de discusión en las entrevistas individuales del mes próximo.

El uso consistente de este sistema mes tras mes ha producido muchas nuevas ideas de mejora en la fábrica C. La participación de resultados detallados a través de las tarjetas ha conducido a una planificación del despilfarro ganado por la fábrica. Los trabajadores encuentran que su habilidad de planificación mejora porque los auto-chequeos inherentes a las tarjetas ayudan a reforzar el hábito «planificar - ejecutar - com-

	Mes												Fase producción Nombre:	
Tasa objetivo (anual)	Línea objetivo													
	En	Fb	Mr	Ab	My	Jn	Jl	Ag	Sep	Oct	Nov	Dic	Media 1er Sem	Media 2º Sem.

Resultados de este mes																														
Fecha	1	2	3	4	5	6	7	8	9	10	11	12	13	14	15	16	17	18	19	20	21	22	23	24	25	26	27	28	29	30
Resultados diarios																														
Resultados acumulados																														

Areas de implementación y planificaciòn	Ejecución 1ª sem	2ª sem	3ª sem	4ª sem	Resultados y problemas

Figura 5-6 Formato «Tarjeta tres por mes»

probar» (PDS). Los esfuerzos de mejora diarios son ahora más fáciles de coordinar, porque es usual que cada uno esté relacionado no solamente con los objetivos de grupo sino también con los individuales de los demás. Finalmente, las tarjetas son una herramienta particularmente efectiva para el entrenamiento interno. Los nuevos trabajadores aprenden con más rapidez de lo que podrían hacerlo de otro modo, y las tarjetas les proveen de guía diaria y de datos de consulta.

Estudio de caso 5.4 – Auto-dirección en la fábrica F: «Mis áreas de mejora»

La vitalidad en las áreas de trabajo está ligada con el desarrollo de recursos humanos superiores. En Canon se han enfatizado siempre la aptitud individual y el mérito, junto con la asunción de que unos apropiados objetivos y un buen sistema de auto-dirección son las claves para un desarrollo individual óptimo. «Mis áreas de mejora» es la denominación de un programa de auto-dirección con mucho éxito al que se concede una alta prioridad en las secciones de montaje de la fábrica F.

Fundamentos. En las operaciones de montaje, la productividad está directamente relacionada con la habilidad del trabajador y su eficiencia. En esta clase de área de trabajo, los elevados incrementos de productividad anuales solamente pueden conseguirse a través de una planificación cuidadosa y una dirección consistente. La auto-dirección es particularmente importante aquí: haciendo posible el más completo desarrollo de las habilidades individuales, beneficia directamente el área de trabajo y la compañía en su conjunto.

Desarrollo de la capacidad de los trabajadores-registro de realizaciones de los trabajadores. Hay dos características importantes en el programa «Mis áreas de mejora»:

- Los niveles de conocimientos y capacidad de los trabajadores se identifican y desarrollan a través del progra-

Mi «Salto-Paso-Brinco»
SALTO
M = manual disponible

	GENERAL		CALIDAD
	* Habilidad ejecución operaciones básicas montaje M		* Conocer los siguientes gráficos de dirección: M
1	a) Apretar tornillos con atornillador manual	31	a) Histograma
2	b) Apretar tornillos con atornillador neumático	32	b) Diagrama de Pareto
3	c) Apretar tornillos con atornillador eléctrico	33	c) Gráfico factores especiales
4	d) Montar piezas con pinzas de resorte	34	d) Gráfico de control P
5	e) Realizar operaciones de pegado con inyector	35	e) Gráfico de control x - R
	* Habilidad para realizar operaciones especializadas M	36	Conocer especificaciones trabajo propio
6	a) Realizar operaciones limpieza con papel enrollado en	37	Conocer funciones piezas usadas en trabajo propio
	las pinzas	38	Habilidad para reparar trabajo propio (cambiar tornillos,
7	b) Hacer operaciones de montaje empleando herramien-		cambiar piezas)
	tas con anilla G - M	39	Contactar supervisores en caso de anomalía
8	Conocer los materiales empleados en el trabajo propio	40	Conocer tasa defectos del propio trabajo en fases de
9	Realizar cada mes el programa «Mis áreas de mejora»		fabricación posteriores
10	Inspeccionar herramientas y útiles de medida empleados		Seguridad y bienestar
	en propio trabajo	41	Conocer localización extintores más próximos
11	Capacidad para hacer el trabajo propio de acuerdo con	42	Conocer la distinción entre accidentes ocultos, que
	los estándares		paran el trabajo y que no lo paran
12	Conocer nombres, códigos y costes unitarios de piezas	43	Conocer cómo mover a alguien herido
	empleadas en propio trabajo		* Adherirse a los siguientes estándares de soldadura:
13	Habilidad para hacer fotografías con la Cámara producida	44	a) Temperatura
	en el propio trabajo	45	b) Limpieza de manos
14	Mantener armario personal en orden apropiado	46	c) Desconectar al dejar el trabajo
15	Mantener suelo área limpio de piezas y residuos	47	d) Distancia de seguridad entre punto soldado y ojos
16	Conocer directrices CPS y los 9 despilfarros	48	Conocer eslóganes seguridad
17	Dirigirse a terceros con cortesía	49	Hacer ejercicios físicos mañana y 3 tarde
18	Avisar el día antes de una ausencia	50	Conocer rutas y salidas emergencia
19	Estar pronto y atento en asamblea mañana	51	Conocer las diferencias de color entre los disolventes 1,
20	Conocer objetivos fijados por jefe sección		2, 3
21	Conocer las Diez Reglas del trabajo de montaje	52	No correr en vías o estrellas de paso
22	Conocer las directrices Canon y los principios corporati-	53	Conocer los estándares de seguridad para el «enrollado
	vos		manual»
23	Comentar el trabajo cuando suena la sirena		a) Contramedidas para evitar deslizamientos
24	Seguir reglas de vestido, calzado, etiquetaje		b) Distancia de los ojos
25	Mantener las 5 S en el área		c) Uso aislante
25	Habilidad para cambiar bocas atornillador		
	Productividad y mejora		Educación
27	Calcular eficacia propia	54	Métodos de mejora fáciles
28	Realizar 100% trabajo propio	55	Ganar certificado de 2ª clase en soldadura
29	Remitir memos de mejora		
30	Habilidad implementar mejoras estándares pegado caucho		SALTO - 55 ITEMS

Figura 5-7 Mi «Salto, paso, brinco»

ma «Salto-Paso-Brinco» (figura 5-7).

- Los objetivos de los trabajadores se siguen a través de «Mis áreas de mejora» (figura 5-8), y la ejecución a través de «Mi gráfico de dirección» (figura 5-9).

Definir área – Guía del contramaestre – Implementación – Reflexión

Enero	Area: reducir errores sobrecubierta Número objetivo: 10 o menos / semana 0,13%	**Aproximación al problema (descomponer)** • Revisar estándares trabajo • Hacer mejoras trabajo

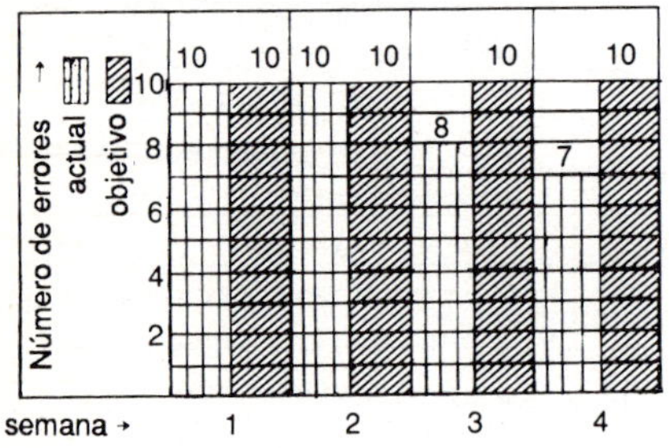

Notas del contramaestre:

Como debe cambiar la carcasa principal cada vez que se muestra inestable, por favor, piensa cuidadosamente sobre formas de mantenerla estable.
... Comenzando en febrero, iremos hacia atrás a las tapas de fondo buscando versatilidad.

Resultados y reflexiones (lo que se ha hecho, ideas para el futuro)

- Resultado: Cuando se cambió el lote de tapas superiores resultó difícil colocar la sobrecubierta. También se deslizaban los orificios de atornillado de la sobrecubierta, dejando marcas al insertar los tornillos.

... Reflexión: He logrado el número objetivo para errores, pero ahora pienso releer los estándares de trabajo para la instalación de sobrecubiertas.

Figura 5-8 Mis «áreas de mejora»

El «salto-paso-brinco» es un programa de 130 elementos arreglado en tres niveles de dificultad o importancia, bajo los encabezamientos «Salto», «Paso» y «Brinco». Por ejemplo, la habilidad para utilizar un berbiquí y la familiaridad con los objetivos del CPS o los principios de las 5 S, son todos ellos «Salto». «Pasos» puede incluir el aprendizaje del uso apropiado de la lubricación y adhesivos y la comprensión de las especificaciones habitualmente usadas en la compañía o lo básico del control de calidad. Para dar un «Brinco», un trabajador debe aprender lo fundamental de la automatización o de la ingeniería industrial o demostrar liderazgo en la actividad de mejora. Los formatos están diseñados para mostrar a simple vista el progreso del trabajador.

En el impreso mensual de «Mis áreas de mejora», el trabajador registra la magnitud del objetivo para la mejora del área que ha elegido en consulta con el supervisor. Hay muchas áreas donde elegir desde, p.e., reducir los errores por falta de cuidado, a incrementar las propuestas de mejora, o incrementar la eficiencia. Cada día el contramaestre gasta unos minutos en discutir con el trabajador sus objetivos y logros y cualquier desfase entre los dos. Muchas ideas nuevas y propuestas de mejora surgen en estas discusiones.

Obviamente, ningún contramaestre puede tener discusiones detalladas diarias con 20-30 trabajadores en una base de caso por caso. Hacer que el sistema trabaje requiere organización y disciplina. Como con las tarjetas de «3 por mes» discutidas en el estudio del caso 5.3, este sistema es una técnica de dirección engañosamente simple. Requiere un esfuerzo extra cada día para poder disponer de tiempo para esta actividad; sin ambargo, a largo plazo, hace el trabajo de cada uno más fácil. El sistema mejora la comunicación y la capacidad de los trabajadores; también genera datos de dirección importantes. El jefe de sección puede permanecer en contacto con los temas que ocupan a la línea y tomar acción de seguimiento apropiada a su propio nivel.

La actividad de auto-dirección está conectada en Canon con extensos programas de entrenamiento. El entrenamiento provee materiales de auto-estudio, así como cursos que varían entre discusiones en mesa redonda de una a dos horas, a un curso intensivo de tres meses en proyectos específicos. Véase el cap. 7 para la metodología y filosofía de los programas de entrenamiento.

Mis objetivos para el año:					Cuatro propuestas de mejora por mes				
Productividad					Propuestas de mejora				
					Nº de propuestas			Nº de puntos	
Mo.	ST (RU)	Medida actual (RU)	Objetivo (Pf)	Pf (%)	Mo.	Objet.	Actual	Objet.	Actual
1	806	878	90	92	1	4	5	0.25	0
2	801	780	92	103	2	4	5	0.25	0.33
3	517	446	96	116	3	4	7	0.25	0.66
4	290	198	98	147	4	4	2	0.25	0.33
5	290	196	100	148	5	4	5	0.25	0.33
6	305	252	102	121	6	4	5	0.25	0.66
7	309	265	104	116	7	4	4	0.25	0.33
8	309	270	106	114	8	4	4	0.25	0.33
9					9	4			
10					10	4			
11					11	4			
12					12	4			

ST = Tiempo estándar
RU = Unidad usada
Pf = Rendimiento

Mi «salto, paso, brinco»

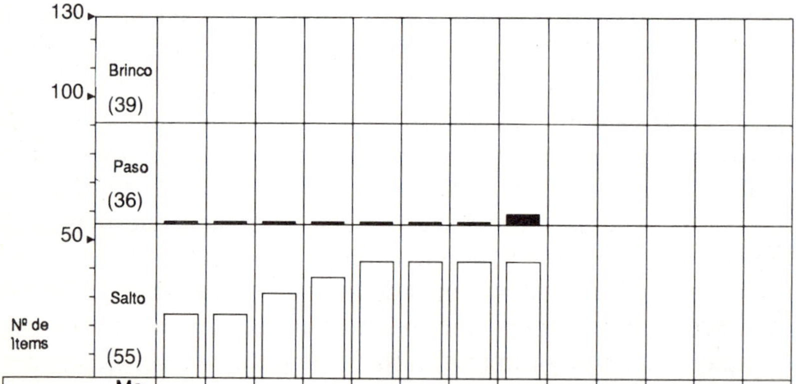

Items / Mo.	Com.	1	2	3	4	5	6	7	8	9	10	11	12
Salto	23	24	30	34	40	40	40	40					
Paso	1	1	1	1	1	1	1	4					
Brinco													

Cero defectos (ZD) significa hacer el trabajo correcto originalmente
y reducir los errores a cero

Figura 5-9 «Mi dirección de items»

Sorprendentes resultados con «Mis áreas de mejora». Después de la introducción de este programa, algunos trabajadores empezaron a llegar al trabajo con dos horas de anticipación para estudiar para las certificaciones de capacitación. Otros permanecían después de la jornada laboral discutiendo ideas de mejora, aún cuando sus contramaestres habían explicado que ello no era necesario. No importa la frecuencia con que se les dijese «¡No vengan tan pronto!» o «¡Va a llegar tarde a su casa!», no mostraban señales de abandonar estas costumbres. Su entusiasmo les ha llevado a gastar su propio tiempo discutiendo modos de elevar los niveles QCD en sus áreas de trabajo.

Moral: si desea «poner fuego» en las áreas de trabajo, no es suficiente encender el entusiasmo de los líderes. Solamente cuando los líderes y trabajadores tienen el mismo entusiasmo está verdaderamente vitalizada el área de trabajo.

Claves para la mejora fundamental

La planificación efectiva reune a todos para producir resultados

Aún los mejores recursos son inútiles a menos que puedan arreglarse en un proceso que fluya sin obstáculos hacia objetivos claramente perfilados. Reunir a todas las personas en la participación de información es el primer paso en el proceso; la planificación continua y precisa convierte su «know-how» combinando en acción concreta.

Canon ha sistematizado y enriquecido el poder de la cooperación dando al personal objetivos por los que esforzarse y métodos confiables con los que regular su progreso. Y, paradójicamente, enfatizando la responsabilidad individual y el auto-desarrollo, la compañía ha cosechado el premio de una elevada calidad de espíritu de equipo. El próximo capítulo hace un repaso más detallado a las actividades estructuradas de mejora que Canon promueve para mantener altos niveles de participación y entusiasmo en su personal.

6
Tres actividades enfocadas a áreas de trabajo de fuerte vitalidad

VITALIZACION DE LAS AREAS DE TRABAJO A TRAVES DE LOS TRES «AUTOS»

El más fundamental y popular de los cuatro Principios Canon enfatiza las tres caras del espíritu del «auto»: auto-motivación, auto-respeto, auto-confianza. Esta filosofía en Canon alimenta un entorno abierto, de apoyo mutuo, junto con un fuerte sentido del deber, propósito y responsabilidad.

La vitalidad del área de trabajo crece con las tres actividades de construcción de moral basadas en el espíritu de estos «tres autos» – la campaña de las 5 S (el arreglo de las áreas de trabajo para una mayor eficiencia y reducción del despilfarro), las actividades de pequeños grupos y el sistema de propuestas de mejora del trabajo (figura 6-1). Cada una de estas actividades lleva a los trabajadores a experimentar el poder del trabajo en grupo, de la conducta creativa y del éxito. Los trabajadores que habían estado encerrados en su entorno de trabajo pierden su pasividad y resultan activamente involucrados en las operaciones. Empiezan a pensar en los modos de mejorar el trabajo – que resulta ahora interesante, excitante. Y la vitalidad del área de trabajo se incrementa rápidamente.

Esta vitalidad es la fuerza más importante en el éxito del esfuerzo CPS, y ha provisto la energía para muchas mejoras creativas en fábricas individuales. La dirección y los ejecutivos de Canon creen en la importancia de los grupos de proyecto y las actividades de pequeños grupos y toman en ello un activo interés. Con su apoyo, las actividades de vitalización de las áreas de trabajo han llegado a ser una parte natural de la rutina diaria de Canon.

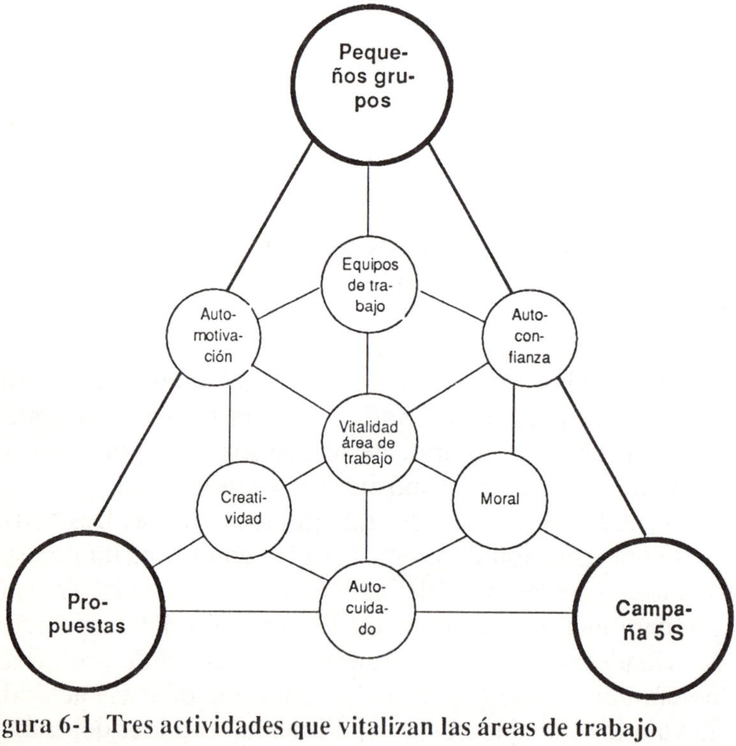

Figura 6-1 Tres actividades que vitalizan las áreas de trabajo

LA CAMPAÑA DE LAS 5 S

No es necesario decir que el orden metódico y la organización son algo sensible y esencial en las áreas de trabajo. Las actividades de mejora para promover estos principios se realizan bajo la denominación general de las «5 S» – cinco palabras japonesas que significan arreglo apropiado (seiri), orden metódico (seiton), aspecto limpio (seiketsu), limpiar (seiso) y disciplina (shitsuke). En algunas fábricas se añade la palabra inglesa «safety» como una sexta S.

Algunas personas se quejan de que el personal, coste y tiempo de la limpieza industrial no producen rentabilidad. Sin embargo, la función de los principios de las 5 S es reducir y últimamente prevenir pérdidas de calidad y productividad. Son esenciales para la eliminación del despilfarro en las áreas de trabajo y en la fábrica en su conjunto.

Canon se ha beneficiado de dos maneras importantes con el movimiento de las 5 S. Primeramente en el cambio en la mentalización de los trabajadores – la propensión a estar dispuestos a seguir las reglas y «lo que se haya decidido» que está ahora firmemente enraizado en las áreas de trabajo. Por ejemplo, guardar las piezas y herramientas en su sitio era antes una regla difícil de hacer cumplir. Ahora es una regla que se sigue siempre; esto reduce los retrasos y el despilfarro de movimientos y ayuda al control visual en las áreas de trabajo. El segundo beneficio se comprueba en el mismo proceso de producción, en los mínimos accidentes y averías del equipo, en los incrementos de la eficiencia en el trabajo y en la reducción de las tasas de defectos.

El movimiento de las 5 S se promueve con el eslogan de Canon, «Utilice sus brazos y ojos; haga chequeos y evaluaciones regulares». Por ejemplo, en las fábricas C y K, los comités 5 S (presididos por los directores de fábrica) conducen inspecciones periódicas y fotografían áreas problema. Los problemas o sugerencias de mejora se recogen entonces en una tarjeta 5 S con las fotografías adheridas. El responsable del área de trabajo debe desarrollar inmediatamente una solución al problema y remitir un plan escrito al comité 5 S.

La fábrica U ha desarrollado un sistema 5 S auto-graduado. Cada área de trabajo se evalúa a sí misma a intervalos fijados (usualmente semanales), utilizando una hoja de chequeo 5 S (figura 6-2). Estas auto-evaluaciones se revisan por el contramaestre, jefe de sección y director de fábrica, y vuelven

Factoría U

Hoja inspección 5 S		Rango evaluación			Rango A: marca perfecta Rango B: 1-2 problemas Rango C: 3 ó más proble - mas.
	Item	A	B	C	Comentarios
	(No considere items innecesarios)				
Arreglo apropiado	¿Se colocan las notas uniformemente en panel de noticias?				
	¿Se han retirado todos los elementos innecesarios?				
	¿Hay razones para la presencia de items no autorizados?				
	¿Están señaladas claramente las zonas de paso y trabajo?				
	¿Están tubos y cables bien arreglados?				
Orden metódico	(Un lugar para cada cosa y cada cosa en su lugar)				
	¿Se mantiene cada cosa en su sitio?				
	¿Se retiran las cosas después de usarlas?				
	¿Están desordenadas las áreas de trabajo?				
	¿Está cada cosa asegurada como se precisa?				
	¿Están ordenados los estantes, tableros y accesorios de limpieza?				
Aspecto limpio	(Evitar problemas teniendo todo limpio)				
	¿Está la vestimenta aseada y limpia?				
	¿Son adecuadas la evacuación y ventilación?				
	¿Están limpias las áreas de trabajo?				
	¿Están limpios, equipos, máquinas, útiles y desagües?				
	¿Están limpias y enteras las líneas de señalización?				
Limpiar	(Mantenimiento y limpieza después del trabajo)				
	¿Estpa limpia el área de desperdicios y virutas?				
	¿Se han limpiado todas las máquinas y equipo?				
	¿Se ha limpiado el suelo?				
	¿Están claras las responsabilidades de limpieza?				
	¿Están vacíos los recipientes de basura?				
Disciplina	(Mantener los buenos hábitos de Canon				
	¿Está vestido cada uno de acuerdo con las reglas?				
	¿Se observan las reglas de áreas de fumadores?				
	¿Están fuera del área los artículos privados?				
	¿Se abstienen todos de comer y beber en el área de trabajo?				
	¿Evitan todas las conversaciones privadas en tiempo de trabajo?				
	Rango Total				

Figura 6-2 Hoja de inspección 5 S

entonces al área de trabajo con comentarios o recomendaciones.

En las fábricas T y U, un área de trabajo que pasa un cierto nivel de inspección se designa como Centro de Trabajo Superior 5 S y se le premia con una placa de reconocimiento 5 S además de premios adicionales. Este área de trabajo sirve entonces como modelo para otras en la promoción del movimiento 5 S. Las áreas de trabajo modelo deben continuar pasando inspecciones regulares, a pesar de todo. Se espera que continúen contemplando modos de elevar sus niveles todavía

Actividad / Nivel	Grupos auto-regulados		Grupos centrados en proyectos	
Trabajadores	• Incrementar los beneficios de la corporación y los niveles de entrenamiento de los individuos • Instilar el sentimiento de que vale la pena hacer el trabajo	ZD 3G Plan N KS		
Contramaestres			• Incrementar productividad y reducir tasas de defectos empleando métodos IE y QC. • Instrucción mútua e intercambio de técnicas.	• Método de consejo y análisis mutuo • Plan 310 de IE* • Lucha 10* • 7 - up*
Jefes de sección			• Mejorar operaciones de fabricación y sistema de dirección	Método consejo y análisis mutuo • Plan WD
Jefes de división Director fábrica			• Planificar innovación y vitalización en el conjunto de la fábrica.	Método de consejo y análisis mutuo • Plan PI*

* Cada una de estas actividades promueve objetivos de mejora de productividad.
NOTAS: IE = ingeniería industrial; QC = control de calidad.

Figura 6-3 Enfoque de las actividades de pequeños grupos por niveles

más.

ACTIVIDADES DE PEQUEÑOS GRUPOS

Los programas de actividades de los pequeños grupos

florecen en cada fábrica de Canon; y todos, desde los trabajadores de línea a los directores de planta, participan como mínimo en un grupo (figura 6-3). Los nombres de los programas de grupo en cada fábrica reflejan su historia o su interés primario. Por ejemplo, los grupos ZD en una planta tuvieron su origen en el movimiento hacia el *Cero Defectos* en calidad y han mantenido el nombre. En otra planta, la actividad 3G se refiere a los tres grupos que deben siempre trabajar juntos en estrecha colaboración para asegurar la calidad. Cada grupo de tres a ocho o más trabajadores tiene su propio nombre o eslogan que lo distingue de otros grupos, tales como *Sonrisa, Arco Iris,* o *Esfinge* (figura 6-4).

Los pequeños grupos auto-regulados realizan cada aspecto de su actividad independientemente, desde la selección de temas hasta la resolución de problemas (figuras 6-5 y 6-6). La calidad, productividad y reducción de costes son los temas elegidos con más frecuencia (figura 6-7). Los grupos se reunen formalmente de dos a cuatro horas cada mes durante el horario regular de trabajo. El tiempo que invierten en reuniones fuera de las horas de trabajo regulares también se les paga por la compañía. El trabajo de los grupos se apoya también por oficinas de actividad de grupos en las fábricas y en las oficinas centrales. Estas oficinas entrenan grupos y líderes de grupo (véase figura 6-8), publican noticias y programan reuniones abiertas de fábrica y compañía para presentar resultados y otorgar premios.

Los grupos que cubren sus objetivos reciben una carta de felicitación y una cantidad en efectivo del director de fábrica. Los grupos con resultados notables reciben una invitación para presentarlos en la Convención de las Actividades de Pequeños Grupos de Canon, que tiene lugar anualmente incluyendo a las compañías afiliadas. Como estas convenciones son eventos importantes, a los que acuden tanto ejecutivos como representantes de los trabajadores, el honor de hacer una presentación es un incentivo excelente para los grupos.

Típicamente, un pequeño grupo auto-regulado consiste en trabajadores de un centro de trabajo individual. Sin embargo, algunos grupos están formados por personas de diferentes

Departamento	Nombre del grupo (nº de miembros)	Objetivo	Valor objetivo	Período trabajo	Resultado
Personal directo					
Dpto. Montaje 1	«Arco Iris»	Acortar tiempo de una tarea de montaje	150 RU	3 meses	Logrado
Dpto. mecanizado	«Perfecto»	Reducir tasa de defectos.	5,2% – 2,0%	6 meses	Logrado (en tres meses)
Dpto. tratamiento superficies	«Sonrisa»	Incrementar rendimiento en modelos 500, 520	67% – 90%	3 meses	Logrado
Person. indirecto					
Dpto. aprovisionamientos	«Suzume»	• Hacer nuevo estándar de trabajo • Mejorar estándar de trabajo actual	un ítem tres ítems	3 meses	Logrado
Dpto. Compras	«Ruta de la seda»	Reducir errores en etiquetas envío	menos del 1%	3 meses	Logrado (errores reducidos a 0,35% para 1800 etiquetas / mes)
Dpto. ingeniería	«Esfinge»	Preparar base de datos de coste total de diferentes tipos de proceso	Taladrado Rectificado Montaje, etc.	3 meses	Logrado

Figura 6-4 Informe de actividades de pequeños grupos en fábrica (objetivos logrados)

secciones o centros de trabajo que hacen el mismo tipo de trabajo. Estos grupos han sido particularmente efectivos en Canon. Los miembros comparten su conocimiento del problema y las mejoras pueden implementarse consistentemente en varios centros de trabajo al mismo tiempo

Estudio de caso 6.1 – Mejora de trabajos misceláneos en la fábrica T

En la fábrica T, un trabajador en cada sección de la división de producción usualmente se encarga de los trabajos misceláneos, incluyendo recados y material de oficina. Estos trabajadores participaban en las actividades de pequeños grupos de su propia sección, pero se sentían fuera de lugar porque ningún otro miembro del grupo hacía el mismo trabajo. Adicionalmente, como los trabajadores misceláneos son típicamente mujeres, a menudo se sentían aisladas porque los demás miembros del grupo eran todos hombres. Sin embargo, no les faltaba motivación para atacar los problemas de su propio trabajo. Después de consultar con sus supervisores, formaron su propio grupo de actividades con seis miembros.

El primer paso del grupo fue escribir sus problemas en tarjetas, y después clasificarlas y analizarlas. Encontraron que el mayor problema mutuo de su área era la gestión de la documentación – copiar, distribuir, cumplimentar, etc. Con el objetivo de «estandarizar la documentación y reexaminar la gestión de los impresos», acordaron cumplir las siguientes tareas:

- Determinar qué impresos deben distribuirse y a quién.
- Estandarizar el formato de los documentos usados en todas las secciones.
- Crear un sistema unificado para clasificar y gestionar la documentación.
- Establecer el orden en el que los documentos debían manejarse e indicar claramente dónde y hasta qué fecha debía cumplimentarse un documento.

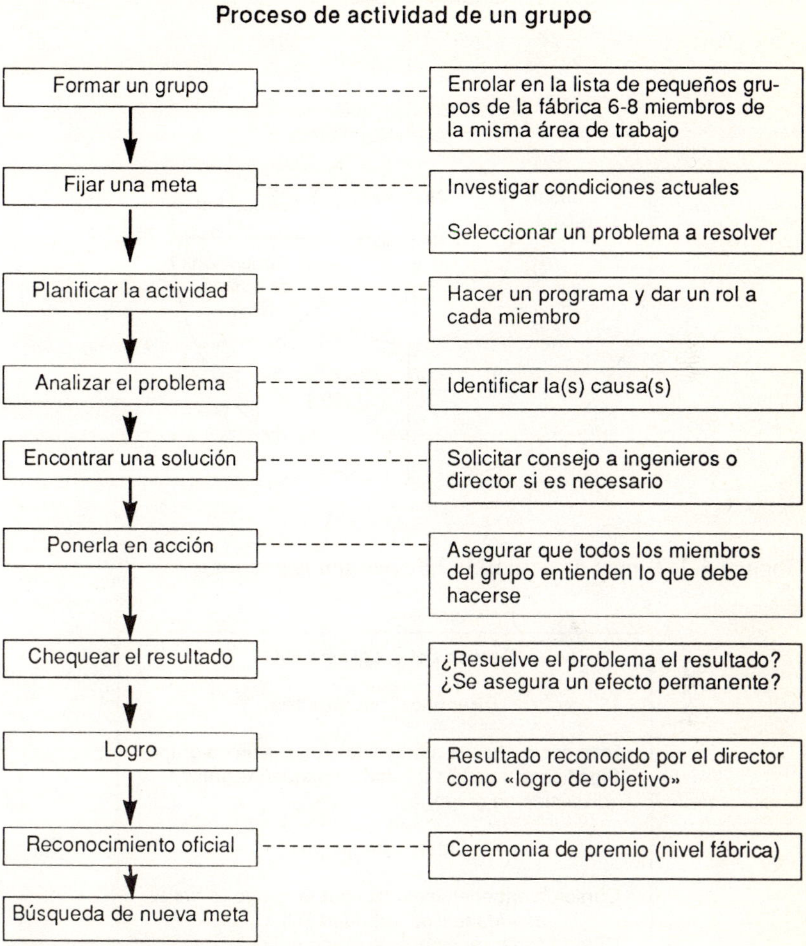

Figura 6-5 Proceso de actividad de grupo

Cómo fijar un objetivo

Identificar problemas actuales y seleccionar uno a resolver

1. ¿Es un problema que merece resolverse?
2. ¿Puede esperar apoyo del director para la meta fijada?
3. ¿Puede resolverse el problema con el esfuerzo de los miembros del grupo?
4. Atacando este problema ¿puede ganar nueva experiencia y ejercitar su creatividad?

Figura 6-6 Directrices para fijación de objetivos

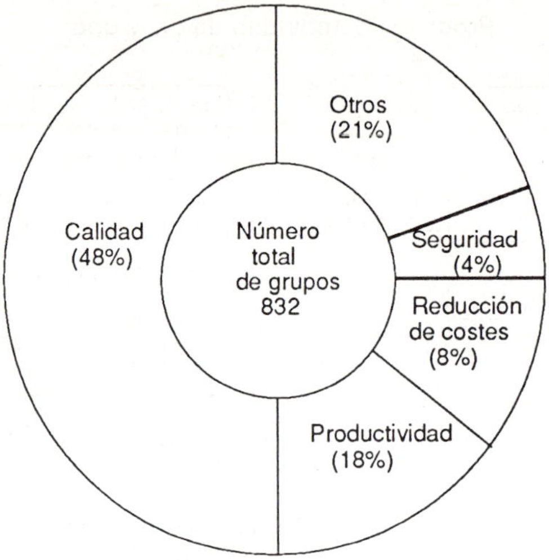

Figura 6-7 Temas de actualidad de pequeños grupos

Cursos del programa «3G»

Directivos, encargados

- Métodos de apoyo a proyectos (discusión en grupo)
- Significación de la actividad de pequeños grupos (discusión en grupo).

Líderes de grupo

- Curso de entrenamiento de líder de grupo (4 hrs.) (uso *Manual de actividad 3G*)
- Cómo animar reuniones de grupo (4 hrs.)
- Métodos de mejora del trabajo (4 hrs.)
- Métodos de control de calidad (histograma, diagrama de Pareto, gráficos)
- Significación de la actividad de grupo

Trabajadores

- Fundamentos 3 G (1 hr.)
- Métodos de mejora del trabajo (4 hrs.)

Figura 6-8 Entrenamiento de pequeños grupos en la fábrica T

El primer proyecto tardó en completarse ocho meses – dos meses más de lo que se había planificado por el grupo. Sin embargo, hacia el final del proyecto el cambio en los procedimientos de trabajo había producido mejoras significativas (véase figura 6-9). Ahora, 1,5 personas podían manejar impresos que anteriormente requerían 2,4; se eliminó la duplicación innecesaria de copias, con el resultado de una reducción del 20 por ciento en las carpetas de archivo; los documentos podían encontrarse rápidamente cuando se necesitaban.

Sin embargo, el resultado más importante de la actividad fue una mayor auto-confianza. «Podemos hacerlo, también», comentaban los miembros del grupo. «Hemos diseñado procedimientos de gestión para toda la división de fabricación». Su entusiasmo continuó, incluso después de que una de ellas fue trasladada, como consecuencia de los ahorros en las tareas del grupo. Su próximo proyecto era desarrollar un manual de trabajo.

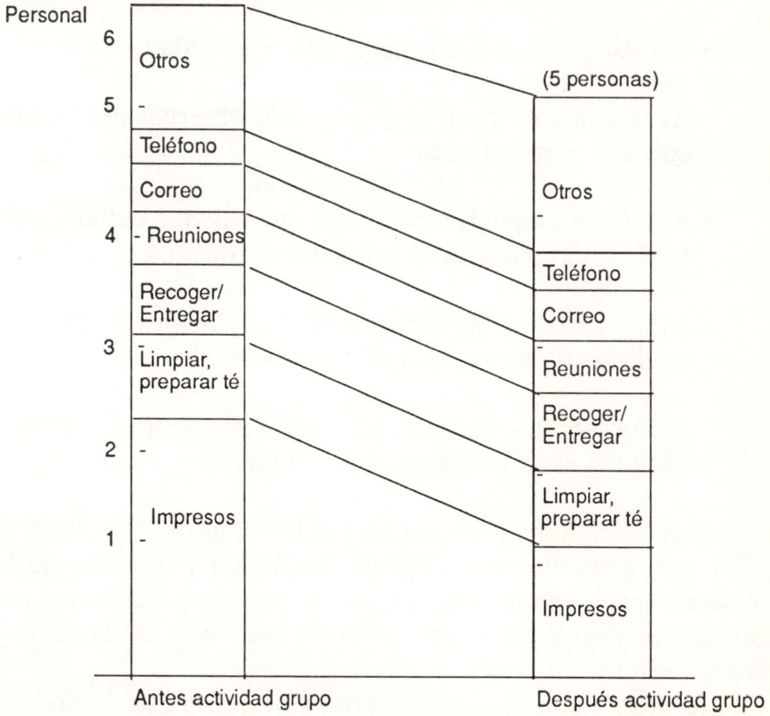

Figura 6-9 Resultados de la actividad del grupo de trabajos «misceláneos»

Análisis mutuo y método de consejo

Adicionalmente a los pequeños grupos a nivel de trabajadores, Canon incentiva también las actividades de grupos centrados en proyectos a nivel de contramaestres y niveles superiores. Estos grupos han conseguido excelentes resultados en paralelo con las actividades de los grupos de trabajadores en las operaciones día a día.

En este tipo de grupo, una sección cruzada de directores de planta y supervisores revisa los problemas de un departamento e investiga las oportunidades de mejora. Sobre la base del asesoramiento y consejo recibido, el director del departamento realiza entonces las propuestas de mejora.

Los miembros de estos grupos han encontrado que:

- Contemplan los hechos con más objetividad.
- Evitan caer en rutinas, procurando observar los hechos con una mirada fresca.
- Aprenden lo que funciona y lo que hay que evitar a partir de la experiencia de otros departamentos.
- Se incrementan las capacidades individuales participando de las mejores ideas de los demás.
- Se rompen las barreras para una más efectiva comunicación y evaluación mutua en el futuro.

Este método ha probado ser tan beneficioso que ahora se aplica ampliamente. Por ejemplo, cualquier empleado de la compañía que visita un área de trabajo para inspección, rutinariamente escribe sus observaciones en una «hoja de análisis y consejo mutuo».

El caso siguiente ilustra cómo se originó este método y cómo trabaja en la práctica.

Estudio de caso 6.2 – Método de consejo y análisis mutuo (Plan IE 310 en la fábrica F)

Diez años después de que el movimiento «Cero defectos» comenzase en la fábrica F, los trabajadores participaban aún entusiasmados en las actividades de pequeños grupos. Sin embargo, los supervisores y contramaestres no estaban implicados en ninguna actividad de mejora organizada, y contemplaban esto como una limitación definida. Pensaron entonces que si todos los niveles del personal estuviesen participando en la actividad de pequeños grupos, el nivel de vitalidad en la fábrica sería mucho mayor y más significativas las mejoras conseguidas.

Para cubrir esta necesidad, se iniciaron actividades de grupo centradas en proyectos al nivel de contramaestres y superiores. Incluso los directores de planta y jefes de división empezaron a participar.

El Plan de IE 310 era un proyecto para incrementar la productividad en un área de trabajo en un 10 por ciento en tres meses. Un contramaestre de la sección y otros dos arreglaron sus asuntos para que se pudiese prescindir de ellos durante una temporada y se dedicaron a tiempo completo al proyecto durante las tres primeras semanas. Sus actividades pueden clasificarse en las cinco fases siguientes:

Paso 1. Analizar las condiciones actuales. Hacer un análisis de pérdidas en el área de trabajo elegida y determinar donde podía incrementarse la productividad.

Paso 2. Analizar las condiciones actuales. Relacionar los factores que actualmente inciden negativamente en la productividad como problemas a resolver y redactar un plan de mejora aproximado.

Paso 3. Diseñar el plan de mejora. Utilizando el análisis, emitir libremente ideas de mejora («brainstorming»), evaluarlas y diseñar entonces un plan detallado de acción.

Paso 4. Implementación. Comunicar el plan a todos los

departamentos implicados y ganar su cooperación; entonces ejecutar el plan.

Paso 5. Confirmación. Hacer otro análisis de pérdidas para cuantificar los resultados de todas las actividades emprendidas desde el comienzo del proyecto (figura 6-10).

Después de que esta actividad tuvo comienzo en mayo de 1980, cada mes se estuvo formando un nuevo equipo. El aprendizaje y la instrucción mutua en grupo entre supervisores y otros directores incrementó sustancialmente la vitalidad del personal de estos niveles. Y esta actividad se incorporó en el servicio de entrenamiento de ingeniería de Canon para supervisores, como una actividad de refuerzo y seguimiento (véase cap. 7).

SISTEMA DE PROPUESTAS DE MEJORA DEL TRABAJO

El sistema de propuestas de mejora del trabajo tiene una larga historia en Canon. Ha sido promovido sistemáticamente en la compañía desde 1952. Su propósito es incrementar el interés y la implicación en el esfuerzo de trabajo y promover la armonía y cooperación entre los trabajadores.

Las áreas de mejora del trabajo incluyen:

- Eficiencia en la producción
- Reducción de costes y gastos
- Mejora de la calidad
- Seguridad e higiene
- Entorno de los centros de trabajo
- Procedimientos individuales de trabajo
- Eliminación de los nueve despilfarros

La oficina de propuestas se estableció para procesar las sugerencias de todo el personal (con excepción de los directo-

1.- Areas de trabajo objetivo: Montaje unidades, Sección montaje

1.- Trabajadores: 12 personas
2.- Los trabajadores se mueven de puesto en puesto de acuerdo con un plan de trabajo; realizan operaciones de montaje de unidades independientes que difieren de una a otra unidad.
3.- Hay operaciones de montaje manual y con máquinas automáticas.

2.- Análisis de pérdidas

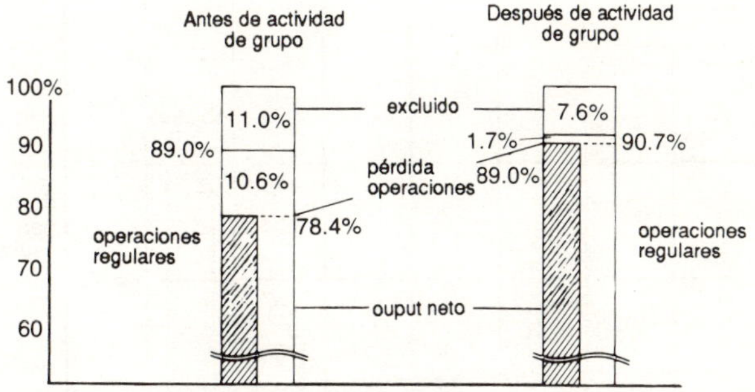

3.- Medidas principales adoptadas:

1.- Estantes	1.- Cambiar construcción 2.- Mejorar útil atornillador 3.- Discontinuar fase chequeo módulos 4.- Mejorar área de trabajo
2.- Engrase de bobina	1.- Acortar intervalos máquina automática 2.- Reconstruir alimentador pieza 3St
3.- Armadura 142 ASA	1.- Cambiar «layout» 2.- Mejorar área de trabajo 3.- Acortar intervalo prensa neumática
4.- Global	1.- Adoptar otra visión para el gráfico de plan de trabajo 2.- Preparación a fondo antes de cambiar el trabajo

4.- Gráfico de cambios en productividad

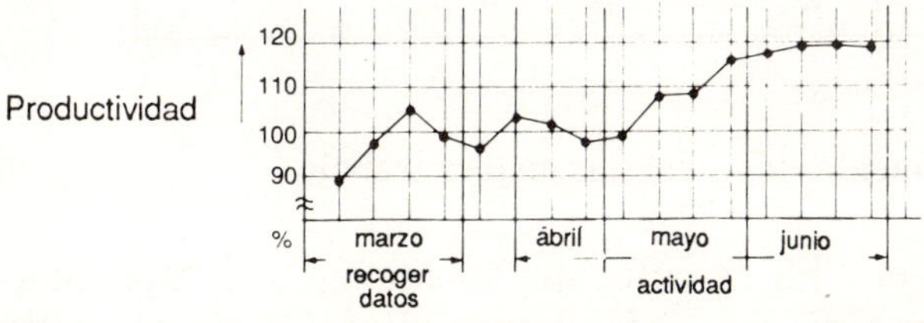

Figura 6-10 Actividad plan IE 310 – muestra de informe

res) – desde el desarrollo y el diseño hasta la fabricación. Sin embargo, cuando en 1976 comenzó el esfuerzo CPS, esta oficina se relocalizó en la Oficina de Promoción del CPS de forma que pudiese servir como uno de los apoyos primarios para la campaña de vitalización.

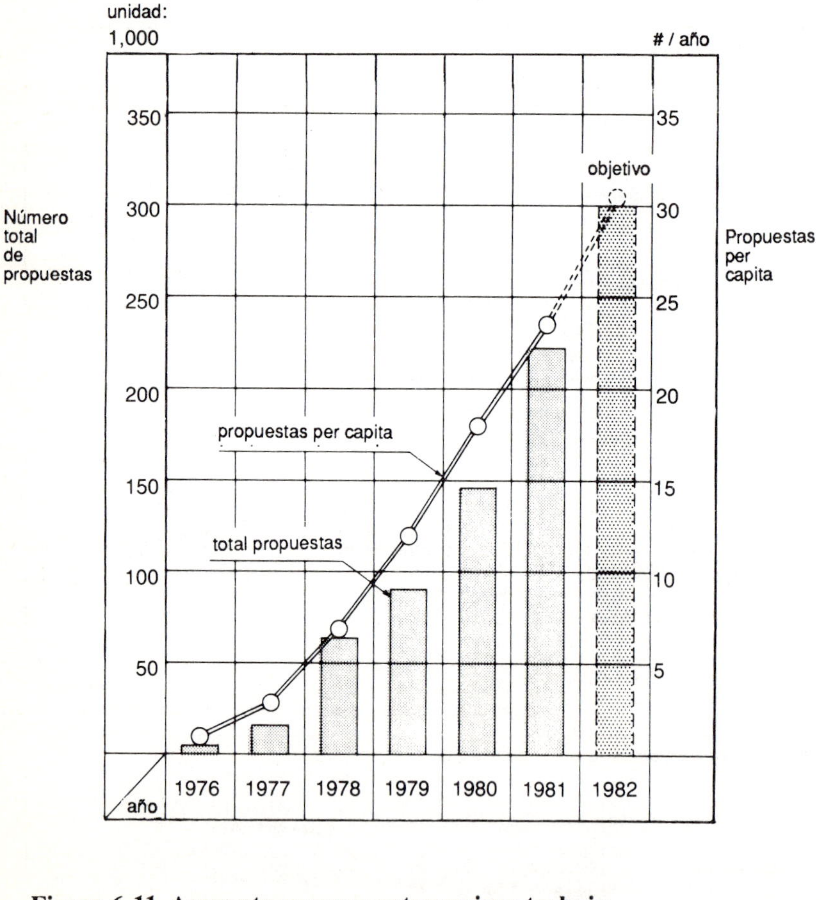

Figura 6-11 Aumento en propuestas mejora trabajo

Aunque el CPS se enfocaba solamente a la fabricación, este movimiento no provocó ninguna situación problemática: después de la transferencia, la actividad de propuestas en Canon se incrementó en diez veces durante los dos primeros

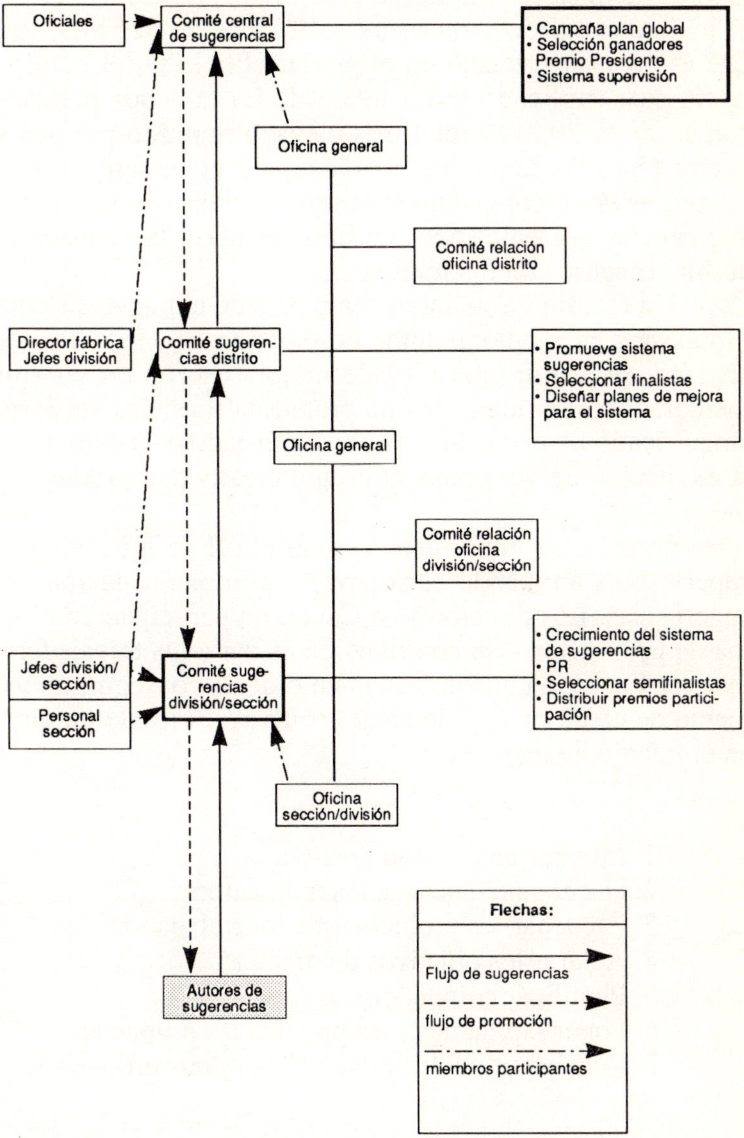

Figura 6-12 Sistemas de propuestas de mejora trabajo

años y ha continuado creciendo, especialmente entre los trabajadores de línea (Véase figura 6-11). (Nota del editor: en 1982, el número total de propuestas en Canon fue 326.989, mayor que el nivel proyectado en el gráfico. En 1985, el número se había casi triplicado hasta 893.301. La tasa por persona ha subido hasta 70,2. El total más elevado remitido por una sola persona ha sido 2.600. En 1984, ocupaba el número trece entre las primeras 20 compañías japonesas con el mayor número de sugerencias por empleado. La primera plaza la ocupaba Matsushita Electric con 6,5 millones).

Un factor en este incremento ha sido el nuevo sistema de propuestas en memorándums introducido en 1978. Bajo este sistema, se acepta una idea de mejora escrita en un simple memorándum en lugar de una propuesta formal. Este formato simplificado ha ayudado a muchos trabajadores a experimentar la excitación de ver como su propio creatividad produce cambio.

Otro factor importante ha sido el rol de los directores y supervisores animando el desarrollo e implementación de las sugerencias. Los directores en Canon no participan en el sistema de propuestas – su contribución es dar a los trabajadores la instrucción y guía que necesitan en orden a conseguir un incremento de efectividad y de ideas creativas. El rol de un director en el trabajo de mejora es:

1. Mostrar una actitud positiva
2. Hacer sugerencias a los trabajadores
3. Escuchar los problemas de los trabajadores
4. Aclarar los objetivos de mejora
5. Planificar competiciones
6. Poner rápidamente en práctica las propuestas
7. Reconocer públicamente las mejoras propuestas

Las propuestas en cada fábrica se juzgan por un comité de sección, e inmediatamente se asignan grados de mención honorífica a través del sistema de Premios E (figura 6-12).

Todas las sugerencias reciben un reconocimiento: incluso las que no reciben una mención honorífica (premio de aceptación) tienen un certificado de participación de 50 yenes (figura 6-13).

Lo que no es una propuesta:

1. Lo que es un deseo o una demanda.
   Por ejemplo: deseo un ascenso.
2. Una idea abstracta.
   Por ejemplo: la compañía necesita un nuevo producto.
3. Una queja.
   Ejemplo: la comida en la cafetería no es buena.
4. Criticismo personal.
   Ejemplo: no me gusta A. Deberían trasladarlo.
5. Algo que solamente beneficia a algunas personas.
   Ejemplo: deseo un acondicionador de aire para nuestra sala.

Grados de rango propuestas	Premio
Premio Presidente Especial	Recompensa
A	50.000 Yenes ($250)
B	20.000 Yenes ($100)
C	10.000 Yenes ($50)
D	5.000 Yenes ($25)
E	3.000 Yenes ($15)
Bueno	1.500 Yenes ($7,50)
Bien	500 Yenes ($2,50)
Recompensa aceptación	150 Yenes ($75)

Figura 6-13 Grados de rango propuestas y premios

Las propuestas que se consideran elegibles para los premios mayores (de D a A) se remiten formalmente y son juzgadas por el comité de distrito.

La tasa de implementación de las sugerencias es alta – alrededor del 90 por ciento. De hecho, la mayoría de las sugerencias no se remiten como propuestas hasta que se han implementado con éxito. Después de todo, la racionalidad del sistema no es simplemente ganar reconocimiento, sino crear ideas de mejora efectivas que trabajen para toda la compañía. (Nota del editor: en 1985, las ganancias totales para Canon procedentes de las propuestas clasificadas por encima del nivel de «Aceptables» eran superiores a 202 millones de dólares. Los gastos de operación del sistema eran solamente de 2,2 millones de dólares, correspondiendo el 36% a los premios en metálico).

He aquí un ejemplo de propuesta para promover mejoras:

> *Tiempo para mejoras.* – Cada día de 11:30 a 12:00. El contramaestre puede utilizar este tiempo solamente para actividades relacionadas con mejoras en el área de trabajo. No puede atender reuniones o contestar al teléfono y sus colegas deben también evitar organizar reuniones en este período. El contramaestre debe emplear este tiempo en pensar sobre problemas de una manera organizada y diseñar planes que conduzcan a mejoras efectivas.

Una vez al año alrededor de octubre, se seleccionan las propuestas de las clases A y B que competirán para el Premio Presidente de Propuestas de Mejora del Trabajo. Las dos que obtienen la calificación mayor reciben el Premio Especial del Presidente y los autores hacen un viaje de estudios en el extranjero (véase figura 6-14).

Una de las características más notables del sistema de sugerencias de Canon es el premio por los puntos acumulados a lo largo de la vida laboral. A todo el que remite una propuesta premiada con una mención honorífica o premio superior recibe de 0,33 a 5,0 puntos, dependiendo de la calificación recibida. Estos puntos se acumulan, y cada año, las 20 personas con los totales mayores reciben el Premio Presidente para los Puntos Acumulados, junto con una medalla de oro y 300.000 yenes (1.500$). Las 30 personas que hayan ganado la mayor puntuación en ese año particular reciben el Premio Presidente para la Puntuación Anual, con una medalla de plata y una gratificación de 100.000 yenes (750$). Estos premios anuales son un gran incentivo para autores de sugerencias y una gran fuente de orgullo para los que los reciben.

EL SISTEMA DE PREMIOS

Uno de los ideales del CPS es asegurar que «las evaluaciones son abiertas; la oportunidad de ganar es igual». Por esta razón, las personas de todos los niveles, desde los jefes de sección hacia abajo, pueden competir por premios sustanciales y anunciar sus logros regularmente en un fórum especial.

La mayor recompensa CPS es el Premio del Centro de Trabajo Superior, concedido a las secciones que practican una gestión diaria notable y consiguen resultados superiores en la eliminación del despilfarro. En cada fábrica, el presidente del CPS personalmente inspecciona las secciones recomendadas por los directores de la fábrica y entrevista a los jefes de sección antes de tomar una decisión. La sección ganadora recibe un premio en metálico y un escudo con un águila de oro (fotografía 6-1), y el jefe de la sección hace un viaje de estudio en el extranjero.

El Premio por la Excelencia en la Eliminación de los Nueve Despilfarros se otorga a áreas de trabajo o equipos que han conseguido resultados sobresalientes en cada uno de los nueve tipos de despilfarro. Otros premios incluyen el Premio por Incrementar los Resultados del CPS, que recompensa a los contramaestres y a los jefes de sección adjuntos, y el previamente mencionado Premio a la Excelencia en las Actividades de los Pequeños Grupos. El Premio Presidente para los Puntos Acumulados, el Premio Presidente para la Puntuación Anual,

Premio	Para:	Logros exigidos	Cantidad	Premio adicional	N.º de recomp.	Anunciado en:
Premio centro trab.	Sección	• Centro de trabajo todos los modelos Canon • 30% tasa mejora 3 años en 1 concepto	1000$	-Viaje al extranjero jefe de sección -Aguila de oro	1-2	Convención CPS
Segundo premio centro trabajo	Sección	• Centro de trabajo -modelos fábrica • 30% tasa mejora 3 años en 1 concepto	500$	-Aguila de plata	10 +	
Excelencia en eliminación despilfarro.	Bloque equipo	Resultados excelentes en eliminación despilfarro	250$		50	
Premio por aumentar resultados CPS	Encargado, asistente jefe secc., especialista	Aplicación con éxito de métodos eliminación despilfarro		Viaje de estudio al extranjero	3	Convención CPS eliminación despilfarro Convención CPS
Excelencia en actividades pequeños grupos	Grupo	Resultados excelentes en actividades pequeños grupos	250$		2	Convención actividades pequeños grupos de Canon
Premio Presidente para puntos acumulados	Hasta 20 personas	Puntos totales más altos por propuestas de mejora trabajo	150$	Medalla oro	20	
Premio Presidente puntos año	Hasta 30 personas	Puntuación más alta anual por mejoras trabajo	500$	Medalla plata	30	
Premio Presidente	Individuos, grupos	Las mejores propuestas del año, premio B o más	500$	10 +		
Premio Especial Presidente	Individuos, grupos	Los dos ganadores principales del Premio Presidente		Viaje de estudio al extranjero para representant.	2	Convención CPS
Premio oro seguridad calidad (para fábricas cooperad.)	Fábricas cooperadoras	Record sobresaliente en calidad	1000$	Aguila de oro	2	Reunión entrenamiento directivo con fábricas cooperadoras
Premio plata seguridad en calidad (fábricas cooperad.)	Fábricas cooperadoras	Record notable en calidad	500$	Aguila de plata	3	

Figura 6-14 Recompensas y honores

el Premio Presidente Especial y el Premio Presidente están todos ellos relacionados con las propuestas de mejora del trabajo. Finalmente, las fábricas individuales tienen una variedad de programas de premios propios.

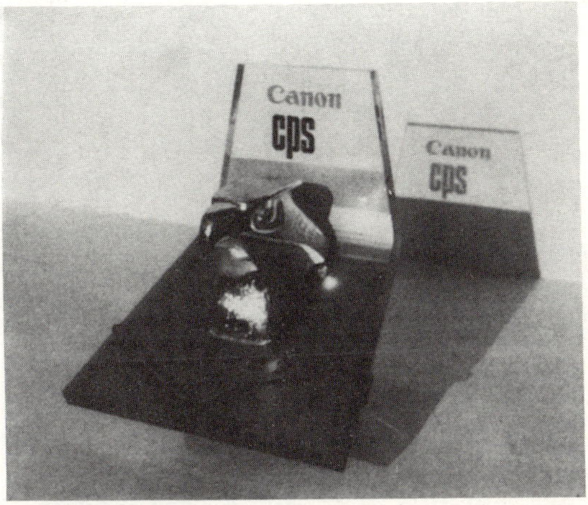

Foto 6-1 Escudo Aguila de Oro

En Canon, el sistema de premios es verdaderamente abierto. Las personas que trabajan duro para producir excelentes resultados pueden esperar ser altamente recompensados y alabados. Sin embargo, la evaluación y selección sigue estándares estrictos – en algunos años, no se elige ninguna propuesta para algunos premios. Por otro lado, los que se esfuerzan pueden ganar premios una y otra vez.

CONVENCIONES DE ANUNCIO

Las convenciones de anuncio (fotografía 6-2) sirven a tres funciones básicas: seleccionar personal o áreas de trabajo sobresalientes, anunciar los resultados de las actividades, y proveer un foro para la instrucción mutua (véase figura 6-15).

Fotografía 6-2 Convención de anuncio

Dentro de la primera categoría se incluyen la Convención CPS de Resultados de Eliminación del Despilfarro y la Convención de la Actividad de Pequeños Grupos en Canon. Cada año se organizan en cada fábrica reuniones de anuncio locales para decidir quién representará a la fábrica en las convenciones a nivel de compañía. En esta convención, las personas seleccionadas tienen el honor de hacer una presentación de 20 minutos sobre sus actividades de mejora y compiten por el Premio al Incremento en los Resultados del CPS y por el Premio a la Excelencia en las Actividades de los Pequeños Grupos. Se seleccionan y anuncian los ganadores por el Presidente del CPS y el Comité del Grupo de Estudio.

La Convención CPS es el mayor foro para la segunda categoría – el anuncio de los resultados de las mejoras. Convocada con gran fanfarria cada primavera, a esta convención asiste el presidente y otros altos directivos de la compañía y resume los resultados del CPS para el año anterior. Todos los jefes de sección, contramaestres, trabajadores y staff que han recibido premios durante el año, presentan sus actividades y logros y son homenajeados por la compañía en su conjunto.

Convención de anuncio	Personas que presentan anuncios	
Convención eliminación despilfarro CPS	Encargados, asistentes, jefes de sección y staff	Personas contribuyentes a dirección eficiente de áreas de trabajo a través de nuevos métodos de eliminación despilfarro
Convención Canon actividad pequeños grupos	Líderes grupo actividad pequeños grupos: (1 persona de cada fábrica)	Grupos que han logrado resultados sobresalientes en actividades pequeños grupos
Convención CPS	Premio centro de trabajo superior: Jefe de sección ganadora	Jefe sección
	Premio por aumento resultados CPS: 3 ganadores premio	Encargados, delegados jefe sección, staff
	Premio por excelencia en actividades pequeños grupos: Líder grupo ganador	Trabajadores
	Premio Especial del Presidente para propuestas de mejora trabajo: 1 ganador premio	Trabajadores

Figura 6-15 Convenciones de anuncio

Las convenciones de anuncio de Canon reunen a todos y refuerzan y vitalizan las actividades descritas en este capítulo. «Convenciones donde cada uno puede aprender con los demás» es un eslogan apropiado para describirlas, porque hacen algo más que servir como foros para informar de las actividades y logros. Los seleccionados para hablar pueden aprender del hecho de tener que reflexionar sobre sus actividades y resumirlas para la presentación. Los que escuchan, tienen la oportunidad de aprender nuevas técnicas de dirección y adquieren conocimientos de la experiencia de otras fábricas, secciones y personas. Y, lo que es más importante, cada uno aprende directamente, como parte de una experiencia personal vivida. Finalmente, Canon se beneficia en su conjunto – en los niveles más elevados de eficiencia para las fábricas y áreas de trabajo de Canon, y para las personas que trabajan en ellas. Por esta razón, asisten para escuchar representantes no solamente de cada fábrica de Canon, sino también de fábricas afiliadas y del extranjero.

Claves para la mejora fundamental

La mejora continua es el resultado de la aplicación continua

En tanto que la actividad de mejora sea vista como un esfuerzo «extra», los resultados de la mejora serán solamente «extra-ordinarios», esto es, periódicos e inconsistentes. No es suficiente simplemente mantener niveles altos; el objetivo debe ser excederlos – siempre.

Canon establece este «hábito de mejora» haciendo la actividad de mejora una parte inseparable del trabajo diario de cada uno.

Las oportunidades de mejora están provistas de un modo estructurado a través de las actividades de las 5 S y los pequeños grupos, así como por las directrices para toda la compañía de mejora de la productividad y eliminación del despilfarro. Se proveen incentivos para los esfuerzos individuales y de grupo a través de los sistemas de premios a las propuestas de mejora del trabajo y anuncios públicos. Este amplio rango de actividades satisface los intereses tanto individuales como los de los grupos y, al mismo tiempo, ayuda a alcanzar los objetivos de la compañía.

Sin embargo, la implicación individual en Canon no se mantiene íntegramente por el atractivo de los objetivos de grupo o la satisfacción de esta actividad. En cada nivel, existen oportunidades de auto-desarrollo y progreso a través del entrenamiento formal e informal. El capítulo 7 identifica el modelo básico de los programas de entrenamiento de Canon haciendo una revisión detallada al entrenamiento CPS.

7
Un programa de entrenamiento para apoyar el esfuerzo de eliminación del despilfarro

EL ROL DEL ENTRENAMIENTO EN PRODUCCION

Las necesidades de Canon están servidas por un cierto número de departamentos de entrenamiento independientes (figura 7-1). Sin embargo, este capítulo contempla solamente los programas de entrenamiento CPS. El CPS tiene, en cuanto al entrenamiento, tres objetivos importantes:

- Promover una implantación con éxito del sistema de producción;
- Apoyar el cumplimiento del objetivo anual, enseñando métodos de grupo y de gran fiabilidad; y
- Elevar el nivel global de los recursos humanos promoviendo la responsabilidad personal, la auto-dirección, y la auto-mejora.

Entrenamiento para promover el CPS

No es fácil mantener informados a todos sobre las actividades y operaciones CPS. Deben organizarse continuamente cursos sobre las operaciones CPS básicas. Las técnicas de mejora desarrolladas y aplicadas con éxito en un centro de trabajo deben hacerse accesibles a otros. Los centros de trabajo que compiten por el estatus de centro de trabajo superior necesitan información sobre el apoyo disponible por parte del staff. Adicionalmente, los trabajadores entienden mejor su propio trabajo cuando aprenden más sobre los productos de Canon y las funciones de otros departamentos de la compañía.

Centro entrenamiento (sección desarrollo capacidades)	Planificación y desarrollo de sistema desarrollo recursos humanos de la compañía.
Dirección de Desarrollo	Oficina de planificación para entrenamiento técnico: desarrollo de recursos humanos para dirección de investigación y desarrollo.
Departamento Producción	Oficina de entrenamiento CPS: desarrollo recursos humanos - dirección de producción
Dirección Marketing Extranjero	Sección de dirección operaciones extranjero: planes de entrenamiento para personal marketing extranjero

Figura 7-1 Departamentos entrenamiento

En el pasado, esta clase de educación y de participación en la información ocurría informalmente – a través de contactos personales y verbales, en parte del mismo modo en que los miembros de una familia se transmiten información. El método informal hizo una contribución importante en su tiempo; sin embargo, el número de personas que trabajan en producción en Canon ha llegado a las 10.000 solamente en Japón Cuando se introdujo el CPS, tuvieron que encontrarse modos para dar un sentido de dirección y auto-regulación a los implicados en las actividades CPS. Gradualmente se desarrollaron métodos más eficientes y estandarizados de comunicación, entre ellos los materiales de entrenamiento y publicaciones mostrados en la figura 7-2.

Entrenamiento para apoyar el cumplimiento del objetivo anual

Tres de los nueve despilfarros – trabajos en proceso, defectos y movimientos – deben confrontarse en las áreas de trabajo. Además, no pueden tratarse adecuadamente a título individual – incluso ni por centros de trabajo individuales. Solamente el trabajo en grupo de amplio alcance puede proveer resultados. Este esencial enfoque de grupos se enfatiza en cada programa de entrenamiento de Canon, junto con métodos y actividades prácticas para promover el cumplimiento de los objetivos.

Oficina promoción CPS (oficinas centrales compañías)	Manuales CPS Películas CPS	Introducción a actividades
Oficina entrenamiento CPS	Noticias CPS	Informe de estatus mensual de actividades CPS en la compañía
Oficinas centrales en cooperación con fábricas	Manual CPS	Guía de estudio CPS básico (revisada anualmente)
Fábricas individuales	Boletín CPS	Informe bimensual de estatus actualizados CPS en la fábrica
Secciones mejoras	Boletín CPS	Cuenta anual de objetivos sección

Figura 7-2 Publicaciones de entrenamiento CPS

Por ejemplo, como se ha indicado anteriormente, se espera un incremento del 3 por ciento mensual en la productividad de cada centro de trabajo en cada fábrica como parte del esfuerzo CPS. Los métodos de entrenamiento descritos más tarde en este capítulo ilustran el importante rol de apoyo jugado por el entrenamiento en el cumplimiento de este objetivo.

Figura 7-3 «Gato despilfarro» CPS

Entrenamiento para elevar el nivel de los recursos humanos

En cualquier operación enfocada a la mejora y el trabajo en grupo, no son deseables los planes diseñados por un «superdirector», listos para ejecutar o impuestos de arriba a abajo. Aunque pueda parecer menos eficiente, las políticas y prácticas de Canon se establecen colectivamente, esperándose contribuciones de todos. Esta óptica ayuda a mantener el nivel de la vitalidad (implicación individual y empeño) necesaria para producir una rápida mejora. Esto significa, sin embargo, que Canon tiene que invertir mucho en *futuro* entrenamiento y habilidades de sus empleados. Cuando más oportunidades de crecimiento se proveen, mayor es la calidad de las contribuciones individuales posibles. Por tanto, se contempla el entrenamiento como una oportunidad para el auto-desarrollo – una fuente independiente de vitalización dentro del área de trabajo.

Fotografía 7-1 Publicaciones entrenamiento CPS

DESARROLLO DE UN «CURRICULUM» PARA EL DEPARTAMENTO DE PRODUCCION

Durante los diez años que precedieron al Primer Plan de Compañía, Canon creció dos veces y media con relación a su tamaño anterior – demasiado grande y compleja como para «permitir que el personal progresase de forma natural». Y, aunque uno de los modos mejores de entrenar al personal es trasladarlo de puesto, hay también límites a lo que puede conseguirse a través del entrenamiento mediante rotación. Algunos departamentos ponían más energía en el entrenamiento que otros; y en los centros de trabajo que eran fuertes en un área particular, el entrenamiento progresaba más rápidamente que en otros. Para eliminar estas desigualdades, Canon decidió iniciar un proceso de nivelación inter-compañía. El nuevo programa de entrenamiento debía incorporar los siguientes principios:

- Desarrollar un entrenamiento básico estructurado, práctico y confiable.
- Combinar el entrenamiento organizado por niveles con el entrenamiento organizado por función.
- Hacer el entrenamiento parte de un plan global de desarrollo de los recursos humanos.
- Promover siempre sistemas de seguimiento de forma que el entrenamiento pudiese conectarse con los resultados del trabajo.
- Enfocar el entrenamiento para apoyar el control de calidad.
- Establecer objetivos unificados para el entrenamiento a todos los niveles.
- Utilizar en el entrenamiento el método de «historias», combinando clases con entrenamiento en el área de trabajo (véase a continuación).
- Desarrollar un staff de enseñanza de la compañía utilizando personal sobresaliente como enseñante.
- Establecer estándares para programas de forma que las diferencias en las oportunidades de entrenamiento no se desarrollasen entre fábricas y divisiones.

Para llegar a completar un programa de entrenamiento comprensivo, se reunieron representantes de cada fábrica para examinar juntos la tarea desde todos los puntos de vista. Además de la desigualdades citadas, se encontraron discrepancias adicionales entre departamentos y centros de trabajo en el uso del entrenamiento fuera del trabajo (en clases formales) y en la planificación en general del desarrollo de los recursos humanos. Los «curriculums» de entrenamiento se estandarizaron de acuerdo con los siguientes principios:

1. Para asegurar un programa de desarrollo de recursos humanos dirigido a todo el personal, clarificar los requerimientos y eliminar las desigualdades en las oportunidades de entrenamiento.
2. Como el entrenamiento se maneja con independencia en cada fábrica de acuerdo con sus necesidades, defi-

nir directrices para fijar niveles consistentes de entrenamiento.
3. Dondequiera que sea posible, incorporar los puntos fuertes de los programas existentes en nueves estándares (particularmente en el entrenamiento en el puesto de trabajo).
4. Asegurar que cada uno entienda que el desarrollo de los recursos humanos es un proceso continuo.

El «curriculum» estándar varía algo cada año. Un «curriculum» reciente para entrenamiento en dirección y control de servicio interno se muestra en la figura 7-4.

ENTRENAMIENTO PROGRESIVO O «HISTORICO»

En el pasado, el entrenamiento no iba más allá de la instrucción en teoría y métodos. La aplicación práctica se dejaba a los individuos y los centros de trabajo. Y, como se ha mencionado anteriormente, la calidad del entrenamiento en el puesto mismo variaba considerablemente entre divisiones y centros de trabajo. Como resultado, muchos supervisores no tienen un procedimiento estándar para implementar las mejoras con eficiencia.

El método de entrenamiento «histórico» del CPS se utilizó primeramente para superar este problema. En el método histórico, el entrenamiento en el área de trabajo es una parte del diseño educativo. La teoría, los métodos y las aplicaciones prácticas se enseñan sucesivamente como pasos en un proceso de investigación de problemas y planificación de mejoras. El siguiente ejemplo ilustra como se ha usado este método para desarrollar un programa de entrenamiento en servicio interno de ingeniería para supervisores.

Estudio de caso – El «método histórico» en entrenamiento de ingeniería de servicio interno (IE)

Los compromisos más importantes en la línea de produc-

Curriculum estándar en el Departamento de Producción
A. Entrenamiento en dirección

Nivel / área	Responsabilidades trabajo	Formación	Dirección objetivos
Nuevos empleados	• Orientación • Entrenamiento básico (grad. medio) ◊ • Entrenamiento básico (grad. superior)		
General	• Básico 2º año • Técnico intermedio ◊ (con núcleo) • Entrenamiento maestría	Formación (con núcleo)	
Grados superiores (Trabajadores núcleo)	• Núcleo básico • Término intermedio • Entrenamiento núcleo • Entrenamiento en stocks (con contramaestre)	Formación núcleo	Dirección objetivos (con conttramaestre)
Contramaestre Especialistas	• Básico contramaestre • Entrenamiento dirección • Planificación para contramaestres • Entrenamiento en stocks	Formación contramaestre	Dirección objetivos
Grados superiores	• Instrucción bàsica en dirección		
Jefes sección	• Auto-evaluación • Curso Pre-Director*	Formación jefe sección	Dirección objetivos jefes
Grados superiores	• Instrucción en dirección		
Jefes división	• Básico ejecutivo	Formación jefe división	Dirección objetivos jefe división

Departamentos patrocinadores: ◊ = Centro Instrucción, * = Fábricas individuales, los demás = Oficina Instrucción CPS

Formación: programa alimentador de pensamiento positivo, innovativo

B. Instrucción en control en servicio

Nivel / área	Seguridad calidad	Seguridad coste	Seguridad producción	Cursos comunes	Computador
Nuevos empleados			CPS básico		
General	Introducción QC	Básico VE (hasta nivel contramaestre)	Mejoras sencillas Básico IE (con núcleo)	• Juego dirección (todos los niveles) • Liderazgo grupos • Creatividad grupos (todos los niveles - «brainstorning»)	Automatización oficinas (en servicio)
Grados superiores (Núcleo)	Métodos básicos QC (con contramaestre)	Básico CE (hasta nivel contramaestre)	Planificación IE (Esfuerzo 10) con contramaestre)	Entrenamiento en industria • Relaciones laborales • Seguridad • Métodos trabajo • Instrucción trabajo (Introducción contabilidad (con contramaestre)	
Contramaestre Especialistas	Supervisores QC Métodos básicos QC		VE Supervisores en servicio IE planificación	• Seguridad, legislación bienestar • Reunión con presidente • Promoción creatividad • Manejo PERT • Modelización interactiva (IM) • Entrenamiento en industria	
Jefes sección	Jefes sección QC	VE jefes sección Dirección costes	IE jefes sección	• Básico jefes sección • Kepner - Tregoe • Promoción modelización interactiva • Dirección deberes/relaciones laborales	Automatización oficinas (promoción)
Jefes división	Jefes división QC	VE jefes división	Seguridad producción jefes división	Simulación de dirección	

NOTAS: VE - ingeniería de valores; IE - ingeniería industrial; QC - control de calidad

Figura 7-4 Ejemplo de curriculum entrenamiento

ción son el despilfarro causado por los defectos, el despilfarro en los movimientos, y el causado por el volumen de trabajo en proceso. Los resultados que se consiguen en estas áreas son debidos a los esfuerzos combinados del personal de línea y de staff. Sin embargo, el entrenamiento ha apoyado estos logros estandarizando los mejores métodos de mejora.

Por ejemplo, en 1971 Canon introdujo el PAC (Análisis y control de rendimientos). El PAC promueve una mayor productividad a través de actividades de control que implican repetidas observaciones y guía por parte de los contramaestres. Como resultado de los esfuerzos de los contramaestres, la eliminación del despilfarro atribuible al PAC se contabilizó aproximadamente en un 30 por ciento de los resultados obtenidos en el primer año del programa de eliminación del despilfarro; en el año siguiente se contabilizó casi un 40 por ciento.

Sin embargo, para la continuidad en la efectividad de los resultados del colectivo de contramaestres, sus métodos tenían que estandarizarse hasta cierto punto. Esto debería servir como un modelo para la práctica de cada uno.

Con este objetivo consciente, se reemplazó en 1979 la pauta existente de entrenamiento para los contramaestres, mediante un programa desarrollado con la ayuda de la Japan Management Association – el IE In-Service Training for Supervisors.

El «IE In- Service Training» es un ejemplo excelente del método histórico de entrenamiento empleado en Canon. En vez de un entrenamiento en compartimentos estancos – la teo-

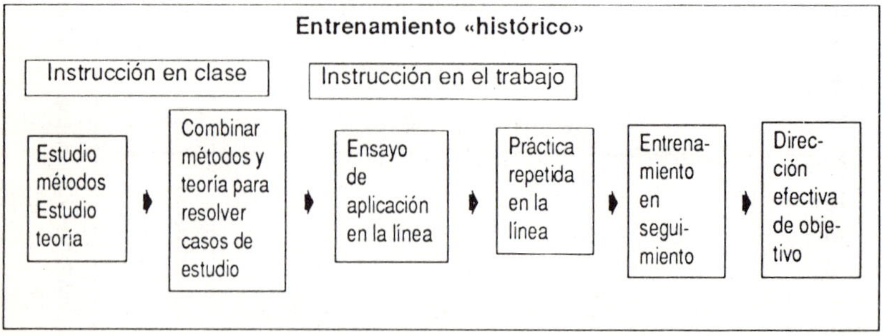

Figura 7-5 Entrenamiento «histórico»: Teoría y práctica paso a paso

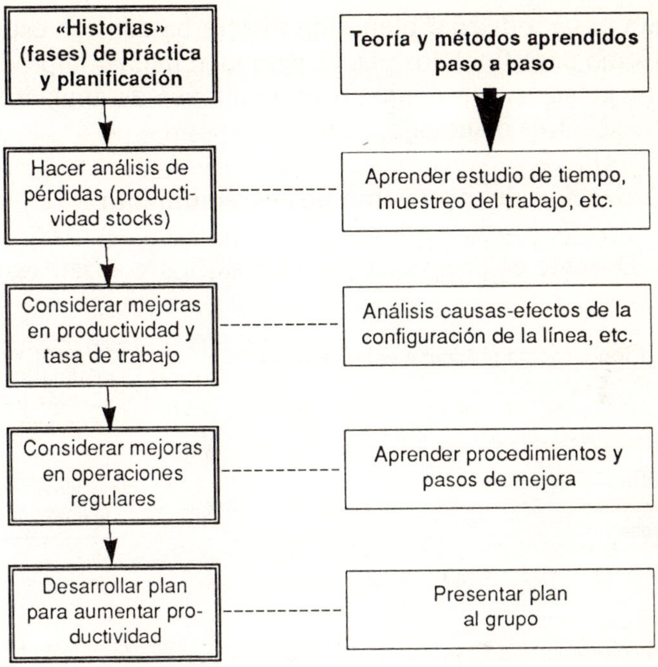

Figura 7-6 Entrenamiento en IE en servicio para supervisores

ría y la práctica enseñadas por separado – los conceptos, las metodologías y la práctica se enseñan como pasos en la solución de problemas reales. Siguiendo estos pasos, el entrenamiento comienza con la identificación de un problema y la investigación continúa con la planificación actual, la implementación y el análisis de resultados. Los participantes aprenden un solo paso a la vez, ascendiendo los escalones de una «historia» a la siguiente (figura 7-5).

Los contramaestres practican primeramente sobre el papel, aprendiendo a identificar y medir las condiciones actuales en los centros de trabajo, la secuencia apropiada para seguir haciendo mejoras, y los mejores métodos a utilizar (figura 7-6). Entonces aplican en la línea lo que han aprendido.

En esta fase, el contramaestre investiga las posibilidades para incrementar la productividad en su propio centro de trabajo para pasar a diseñar planes de mejora basados en este análisis. Como paso final, los planes para incrementar la productividad se presentan en conjunto en reuniones de anuncio en los propios centros de trabajo.

Organización del programa de entrenamiento

Durante el programa de 32 días, los contramaestres se

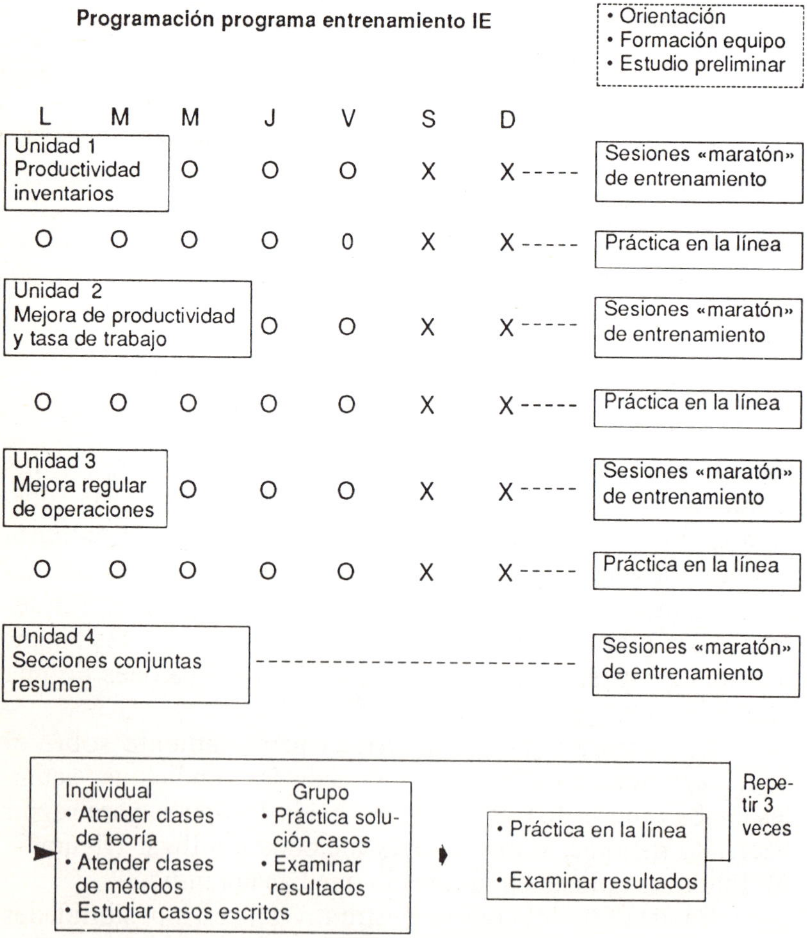

Figura 7-7 Programación programa entrenamiento IE y formato unidad

dedican «full-time» al entrenamiento. En su ausencia, los líderes de grupo y otros trabajadores clave de la línea se ocupan de mantener la moral en la misma. Sin embargo, los contramaestres no se apartan del todo del trabajo, puesto que gastan algo de su tiempo en la línea cada semana en los períodos de entrenamiento en prácticas (véase figura 7-7).

Entrenamiento de seguimiento

Solamente cuando las técnicas aprendidas en el entrenamiento pueden practicarse consistente y fácilmente, los individuos pueden aumentar su capacidad y alcanzar mejores resultados de sus esfuerzos de progreso. Por esta razón, los programas de seguimiento son fuertemente alentados y apoyados en el CPS, especialmente por lo que se refiere al entrenamiento de supervisores. El proceso de entrenamiento IE para la mejora de la productividad está entretejido con las actividades diarias de dirección y supervisión y reforzado por proyectos especiales de seguimiento.

Las denominaciones de estos programas de seguimiento difieren entre fábricas («IE Plan 310»; «Lucha 10», etc.), pero los métodos y objetivos son esencialmente los mismos. A los participantes se les da por escrito «estipulaciones» específicas para que se dediquen exclusivamente a proyectos especiales de mejora que precisan usualmente de tres semanas de investigación y planificación.

Entrenamiento resumido para jefes de sección. Un centro de trabajo que no está autorregulado u ordenado puede tener un impacto serio en otros centros de trabajo. Por esta razón, el rol de los supervisores es vital – su dirección diaria, instrucción y apoyo a los trabajadores y cooperación con los departamentos staff, ayudan al centro de trabajo a cumplir su fución en un proceso de flujo continuo. Es también importante el apoyo y asistencia de la dirección superior. Para asegurar un apoyo y seguimiento efectivo, se requiere a los jefes de sección que asistan a un resumen de tres días del programa de entrenamiento seguido por los contramaestres.

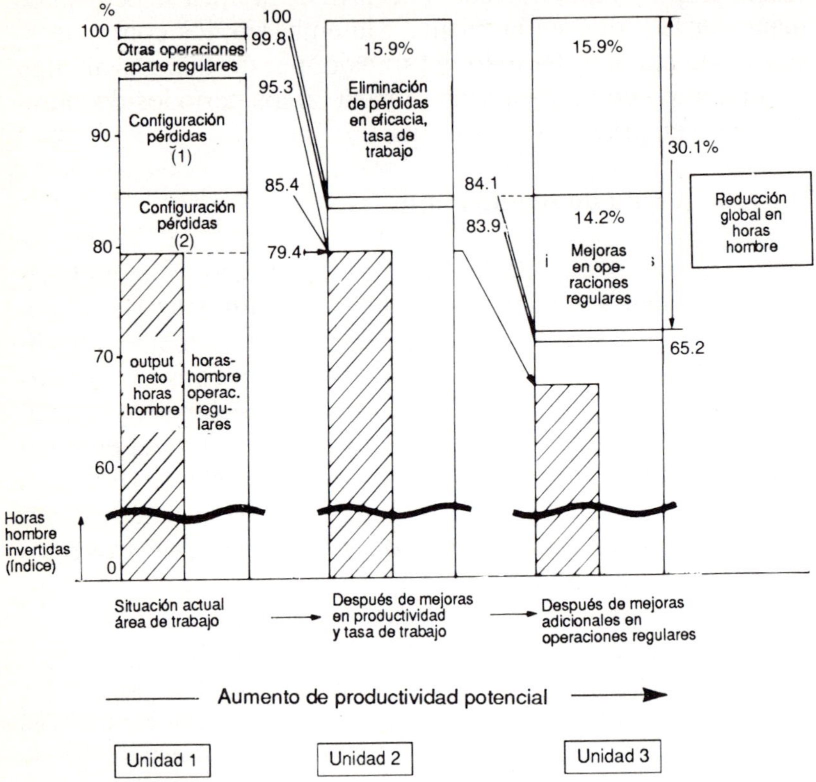

Figura 7-8 Resultados proyectados de mejoras debidas al análisis de pérdidas.

Resultados del programa de entrenamiento. La figura 7-8 muestra un ejemplo de los resultados conseguidos en el programa de entrenamiento en servicio de ingeniería, seleccionando entre otros presentados en la reunión de anuncio conjunta que concluyó el programa. Como ilustra el ejemplo, los contramaestres han aprendido a expresar en números tanto la actual tasa de productividad global del área de trabajo como el potencial de incremento de la productividad. Desde ese momento ha sido posible para ellos calcular cuándo y cuánta mejora puede anticiparse, y la planificación de los objetivos de productividad anuales tiene ahora mayores probabilidades de precisión.

Alrededor de 600 jefes de sección y contramaestres recibieron entrenamiento entre 1977 (cuando comenzó el programa) y 1.982. Los métodos y herramientas provistos en el programa proporcionan a los directores, supervisores y personal staff un lenguaje común a usar en la planificación de la mejora de la productividad. La mayor eficiencia que esto ha producido tanto en trabajo como en comunicación se ha rentabilizado en constantes incrementos de productividad que continúan actualmente.

Claves para la mejora fundamental

Proporcionar a las personas un entrenamiento que puedan usar – para hacer un trabajo que es un reto personal e importante para la compañía

El entrenamiento CPS en Canon sigue el modelo ilustrado en el programa de entrenamiento para la ingeniería de servicio. (Otro programa sumamente efectivo basado en este modelo es el WEVS – seminario de ingeniería de valores, programa descrito en el capítulo 10). Los mejores métodos se han estandarizado y se presentan en un formato de aprendizaje que mezcla los beneficios de una instrucción académica con el entrenamiento en áreas de trabajo. El modelo promueve la mejora continua y la efectividad en el cumplimiento de objetivos, proporcionando a las personas métodos y herramientas que pueden usar prácticamente. Elevando y nivelando la calidad del entrenamiento disponible para el personal de Canon, la compañía ha conseguido resultados más consistentes y mayores en mejoras de la calidad y la productividad.

Entre los capítulos 2 al 7 se ha examinado el «software» de la mejora – las estrategias y sistemas de dirección utilizados por el CPS para apoyar el empeño de Canon por conseguir un estatus de primer nivel internacional durante el Primer Plan de Compañía. El Capítulo 8 describe algo del «hardware» de mejora desarrollado e implementado bajo el CPS en el sistema de producción «just-in-time» (HIT).

8
Seguridad en los plazos de entrega a través del sistema de producción HIT

Canon fue originalmente una compañía fabricante de cámaras fotográficas, pero cuando comenzó a producir máquinas para oficinas, las condiciones de producción y las necesidades cambiaron dramáticamente. Las máquinas de negocios son de un tamaño mucho mayor que las cámaras, y la variedad de especificaciones eléctricas hacía necesario producir una variedad de modelos.

Al mismo tiempo, las demandas del mercado se habían diversificado desde la crisis del petróleo. Era claro que Canon necesitaba un sistema de producción que pudiese adaptarse rápidamente a los cambios en el mercado y que produjese rápidamente justamente las cantidades que precisamente se iban a vender (figura 8-1).

Factores internos y externos como los expuestos dispararon el desarrollo del sistema de producción HIT – un sistema de flujo continuo con flexibilidad suficiente como para responder rápidamente ante el cambio, que podía reducir significativamente los plazos de ejecución y, últimamente, los costes del producto.

EL SISTEMA DE PRODUCCION HIT - EXAMEN GENERAL

El sistema HIT es el sistema de aprovisionamiento de Canon «Just-in-time», La denominación HIT proviene de las primeras letras de tres frases japonesas que significan, «Hacer lo que se necesita, cuando se necesita, y justamente en la cantidad necesaria».* Como se muestra en la figura 8-2, la producción HIT consiste en un sistema de flujo continuo combinado con el enfoque de Canon de control del proceso y dirección del trabajo.

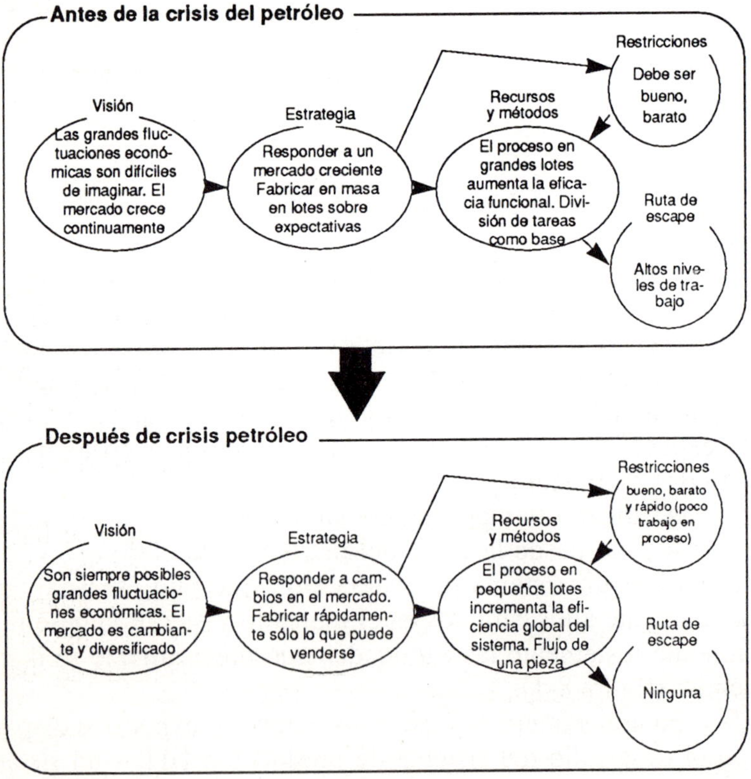

Figura 8-1 Cambio de estrategias de producción

* H – *Hitsuyo na mono o* (lo que se necesita)
I - *Iru toki, iru dake* (cuando se necesita, en la cantidad necesaria)
T - *Tsukuru* (se hace)

En un sistema de flujo continuo ideal, los materiales en proceso fluyen sin acumulación o stocks intermedios. Para conseguir esto, Canon introdujo mejoras en cuatro áreas principales: sistematización, pequeños tamaños de lote, nivelación de cargas y arrastre desde los procesos siguientes.

En el control de procesos, Canon ha desarrollado dos métodos para asegurar que los productos correctos se hacen cuando se necesitan y en las cantidades precisas.

Las tarjetas HIT (versión Canon del kanban) se introdujeron en las fábricas de producción en masa para gestionar el sistema de «arrastre» y controlar el nivel del trabajo en curso (véase figura 8-12). En las fábricas con producción en bajos volúmenes por tipo y mezcla de modelos, se introdujo el sistema de señales – un sistema de información apoyado por computador diseñado para prevenir rupturas y mantener los programas diarios (véase estudio de caso 8-5).

Finalmente, en el área de dirección del trabajo, Canon emprendió una campaña comprensiva de eliminación del despilfarro. La productividad se elevó a través de mejoras en las operaciones regulares y sistemas de trabajo. Sin embargo, Canon ha incrementado también la productividad utilizando instrucciones de trabajo estandarizadas, el PAC, y sistemas de control visual que ayudan a los trabajadores a conseguir niveles de rendimiento más elevados.

Organización para la mejora

Para realizar los objetivos CPS de mejora del sistema de producción, a cada nivel de la organización se le han asignado responsabilidad en diferentes áreas (figura 8-3). Los directores medios promueven la implementación del sistema HIT y dirigen la creación de procesos y operaciones sincronizados, con stocks mínimos. A los supervisores y contramaestres se les pide que promuevan la mejora de la productividad en los centros de trabajo a través del PAC. Investigan métodos eficientes, establecen instrucciones de trabajo y proveen instrucción y guía a los trabajadores. De los trabajadores se espera que sigan

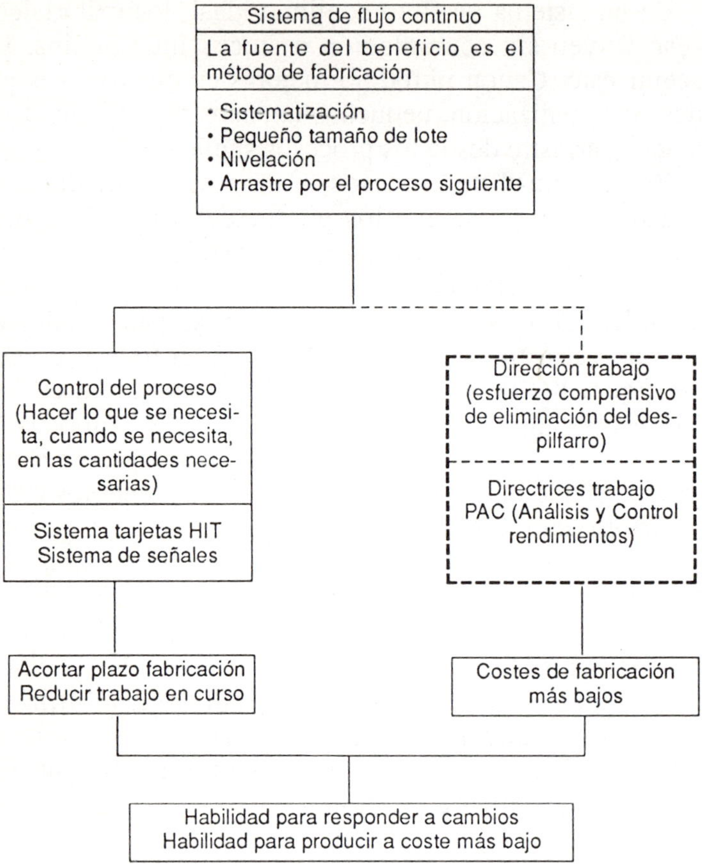

Figura 8-2 Principios básicos del sistema de producción HIT

las instrucciones de trabajo y promuevan la maestría y un seguimiento efectivo del sistema.

El principio de guía de Canon en la promoción del CPS y el sistema HIT ha sido simple: *proporcionar al personal un trabajo que merece la pena hacer y las herramientas que necesitan para hacer mejoras – entonces vigilar cómo la autoconfianza y competencia se incrementan junto con logros concretos* (véase figura 8-4). Las mejoras descritas en este capítulo ilustran no solamente el éxito del plan CPS sino también el crecimiento de la capacidad global del personal trabajando hacia objetivos que son importantes personalmente y como grupo.

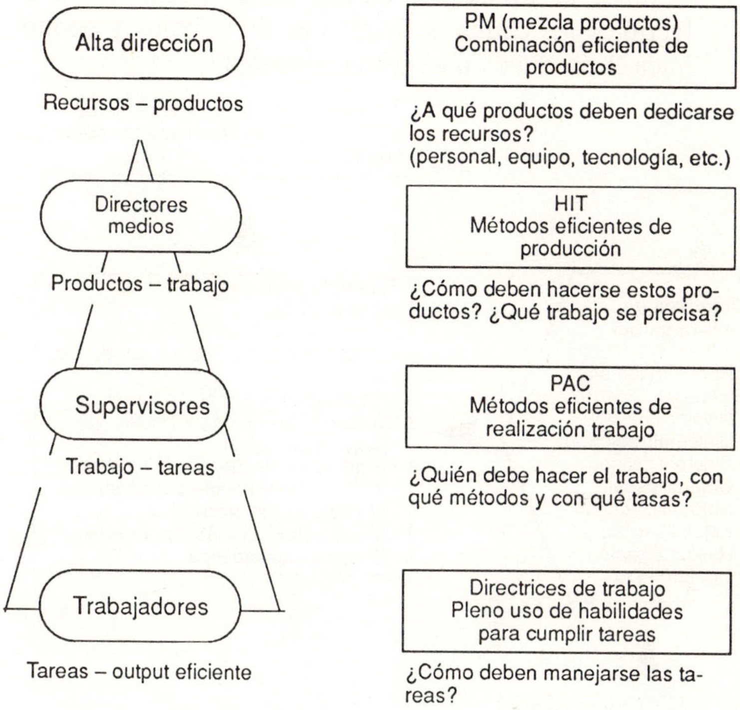

Figura 8-3 Haciendo trabajar al sistema de producción HIT

Características del sistema de flujo continuo

Como se ha mencionado anteriormente, tuvieron que implantarse cuatro tipos de mejora para promover un sistema de flujo continuo:

1. *Sistematización*: arreglar los procesos de forma que una pieza pueda procesarse y montarse en una secuencia continua y simple con tan poco retraso o distancia entre procesos como sea posible. La organización de

los centros de trabajo tiene que corresponderse con el flujo de los procesos.

2. *Pequeños tamaños de lote*: Acortar los tiempos de cambios de útiles y herramientas de forma que sean factibles los cambios frecuentes de trabajos y económica la producción en pequeños lotes.

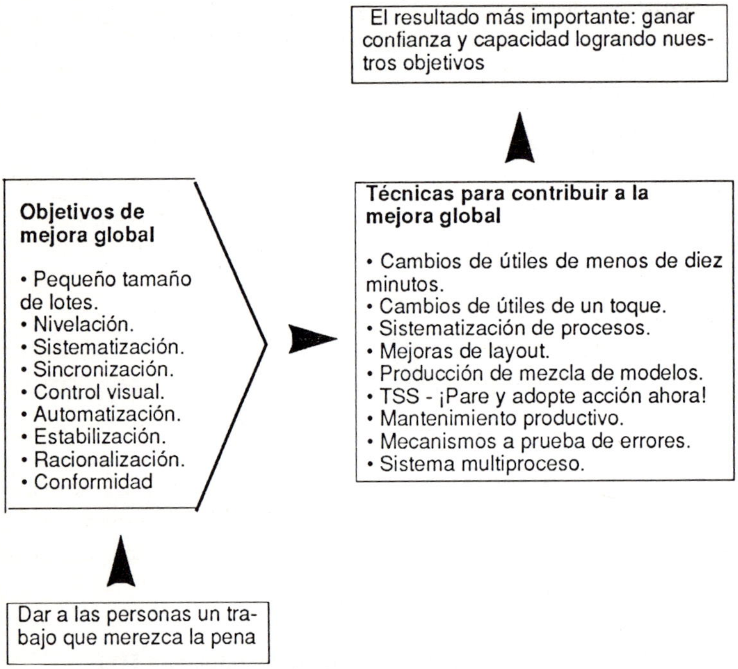

Figura 8-4 Objetivos globales del sistema de producción HIT

3. *Nivelación de cargas:* promediación de la variedad y el volumen de las cargas para reducir las fluctuaciones en la carga de los procesos (regularización de la producción).
4. *Arratre por procesos siguientes*: extraer piezas de los procesos anteriores solamente cuando se necesiten y solamente en las cantidades necesarias.

La sistematización y el pequeño tamaño de lote posibilitan conseguir un flujo sin acumulaciones, p.e., sin tiempos de espera de las piezas entre procesos o durante un proceso. También facilitan la sincronización. Esto es, el «timing» y el volumen en los procesos previos coinciden con los existentes en uno cualquiera de los siguientes creando como «un transportador invisible». Estos factores también ayudan a acortar el plazo de producción y reducir el trabajo en proceso.

La nivelación de cargas y el arrastre por los procesos siguientes hacen posible *racionalizar las operaciones*, p.e., hacerlas más eficientes, y *estabilizar los procesos*, p.e., hacerlos autorreguladores en respuesta a pequeñas fluctuaciones en la producción. El resultado final es controles más simples y una mayor eficiencia en las operaciones. (Nota del editor: La «racionalización» se refiere a mejoras que consiguen los niveles más elevados posibles de eficiencia operativa; en Canon se utiliza también el término para denominar las mejoras que implican inversiones de capital más bien que eliminación del despilfarro. Por ejemplo, la inversión en soldadoras por puntos automáticas es una «racionalización» del proceso de soldadura).

Se implementaron muchas mejoras durante el desarrollo del sistema de Canon de flujo continuo. Com ejemplos, se presentan casos que ilustran como se desarrollaron las mejoras más significativas.

Estudio de caso 8-1 – Sistematización en fábrica F

Este caso ilustra cómo se consiguieron reducciones en el personal y en el trabajo en curso cuando se sistematizaron los procesos de mecanizado de los cuerpos montados de cámaras.

En este ejemplo, el centro de trabajo procesa material de cámaras en bruto para conformar montajes acabados (para uso en cámaras fotográficas tales como la F-1, la A-1 y la AE-1).

Situación antes de las mejoras. El arreglo de las máquinas y el flujo de los materiales antes de las mejoras se muestra en la figura 8-5. He aquí las características más significativas:

- Solamente dos de seis máquinas herramientas estaban equipadas con brazos de alimentación automática de materiales.
- ¨Jna máquina multipropósito manejaba cualquier proceso que estuviese más allá de la capacidad de una máquina C-10RM.
- Se empleaban carros manuales para transportar el material de una instalación a otra.
- Los trabajadores lavaban los montajes colocándolos en los accesorios uno cada vez.
- Los lotes se procesaben con un cliclo de dos semanas.
- Se requerían doce trabajadores para la operación.

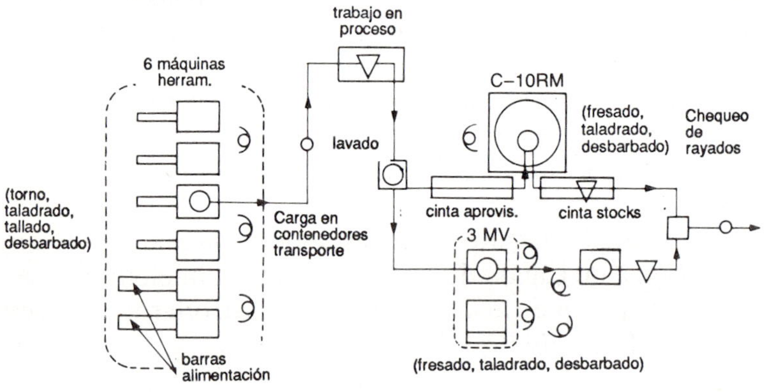

Figura 8-5 «Layout» y flujo de materiales antes de las mejoras

Situación después de las mejoras. El estado de la operación después de las mejoras se muestra en la figura 8-6. Los puntos significativos a comparar incluyen lo siguiente:

- Las seis máquinas de dividir se han equipado con brazos de alimentación automática.
- Todos los procesos se hacen en dos máquinas C-10RM.
- Las instalaciones se han conectado con transportadores automáticos y se han sincronizado.

- Se introdujo equipo de lavado automático de forma que el lavado puede hacerse durante el traslado.
- El proceso se hace en lotes diarios.
- El número de trabajadores se ha reducido a cuatro.

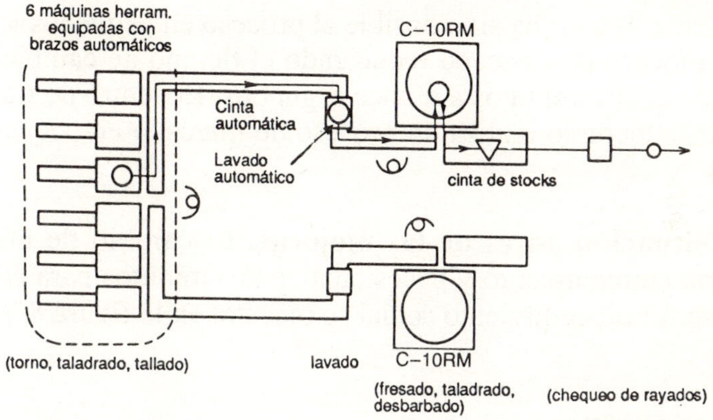

Figura 8-6 «Layout» y flujo de materiales después de mejoras

Elementos de mejora implantados:

- La máquina C-10RM se ha reconvertido a un proceso con mezcla de carga (mezcla de modelos procesados).
- Se ha instalado una máquina C-10RM adicional.
- Todas las máquinas de dividir se han equipado con brazos automáticos.
- Se han instalado transportadores y equipo de lavado automáticos.
- Se han eliminado las operaciones de cambio de útiles. Un cambio de diseño ha estandarizado los orificios a realizar en diferentes tipos de cuerpos de cámaras.
- Para ayudar a rastrear los defectos, un sistema de marcaje indica el número de la máquina de dividir utilizada en el proceso.

Resultado de las mejoras. Como un resultado de estas mejoras, el trabajo en curso se ha reducido en 5.000 piezas y el personal en un 75 por ciento – desde doce a cuatro personas.

Estudio de caso 8.2 – Pequeños tamaños de lote en la fábrica C

En este caso ha sido posible el proceso en pequeños lotes en un proceso de marcado reduciendo el tiempo de cambio de útiles de cuatro minutos a quince segundos. El centro de trabajo en este ejemplo realiza un proceso de marcado en pequeñas piezas.

Situación antes de las mejoras. El cambio de útiles requería entrenamiento y necesitaba cuatro minutos para completarse. El procedimiento actual se muestra en la figura 8-7.

Herramientas usadas:
- empuñadura para elevar y descender el husillo
- chaveta exagonal
- llave

Procedimiento
1. Montar en mesa plantilla soporte
2. Insertar yunque en plantilla
3. Montar punzón en husillo
4. Descender el husillo con la empuñadura a posición aproximada
5. Asegurar yunque con chaveta
6. Insertar pieza y ajustar altura
7. Centraje ajustado de plantilla
8. Asegurar husillo después de golpe de ensayo
9. Asegurar con llave la plantilla a la mesa

Figura 8-7 Procedimiento de preparación antes de las mejoras

Situación después de las mejoras. Eliminando pasos en el procedimiento, el tiempo del cambio de útiles se ha reducido a quince segundos y se ha simplificado de forma que cualquiera puede realizar los cambios correctamente. Las operaciones de ensayo ya no son necesarias (véase la figura 8-8).

Elementos de mejora implementados:

- Se uniformó la altura de las plantillas.
- Se rediseñó la base para permitir que el montaje se deslizase quedando fijo con anclajes auto-ajustables en un «cambio de un solo toque».
- No se requirieron por más tiempo herramientas adicionales para el cambio de útiles.

Resultados de las mejoras:

- El tiempo de cambio de útiles se ha reducido de cuatro minutos a quince segundos.
- El cambio del lote a procesar se ha reducido de 3.000 a 100.
- Se han eliminado por innecesarias las operaciones de ensayo.
- El cambio de útiles puede realizarse por cualquiera – rápidamente, correctamente y con seguridad.

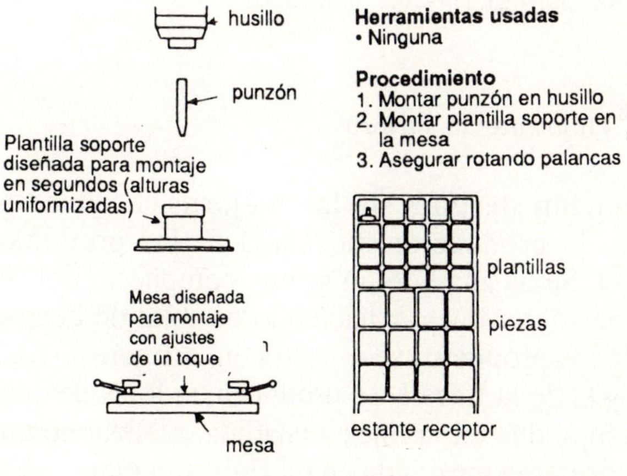

Figura 8-8 Procedimiento de preparación máquina después de mejoras

Estudio de caso 8.3 – Nivelación de cargas en la fábrica T

En la fábrica T, el plan de secuencia del montaje es una mezcla nivelada de modelos en ciclos de dos horas.

El centro de trabajo del ejemplo hace el montaje final de las líneas de producción de las copiadoras L y J.

Situación antes de las mejoras. Como se muestra en la figura 8-9, se estaban produciendo en lotes de un día (con cambio de útiles) tres grupos de productos en la línea L, utilizando un solo transportador de banda (grupos A, B y C).

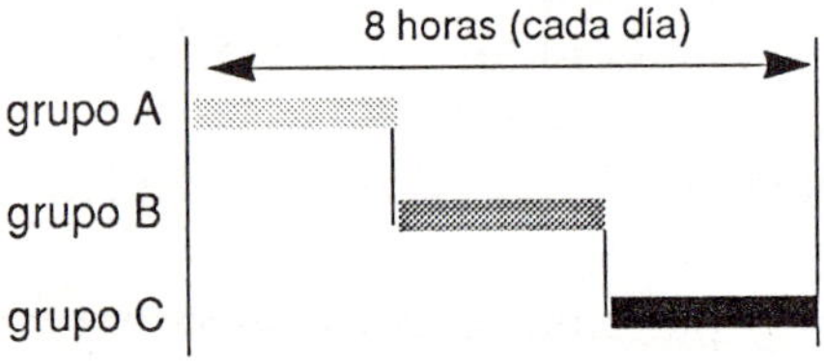

Grupos de producto

grupo A (NP-5b, NP-50) 6 modelos
grupo B (NP-6, NP-60) 6 modelos
grupo C (NP-3, NP-30) 3 modelos

Figura 8-9 Flujo antes de mejoras

Situación después de las mejoras. La línea se utiliza ahora para la producción mezclada de los productos de las líneas L y J. Se ha añadido un grupo, compuesto por ocho tipos de máquinas de la línea J, haciendo un total de cuatro grupos. El flujo de los productos se muestra en la figura 8-10. Los grupos A, B y C de la línea L se producen en lotes de dos horas al mismo tiempo que en la línea J añadida, realizando un proceso completo de carga mezclada en un flujo singular.

Elementos de mejora implantados:

- Se ha reducido el tamaño de los contenedores de piezas para que contengan nada más que la cantidad utilizada en un ciclo de dos horas.
- Las piezas de cada unidad se preempacan en conjuntos

para eliminar las operaciones preparatorias en la línea de montaje.

- El plan de secuencia del montaje se ha perfeccionado e introducido.

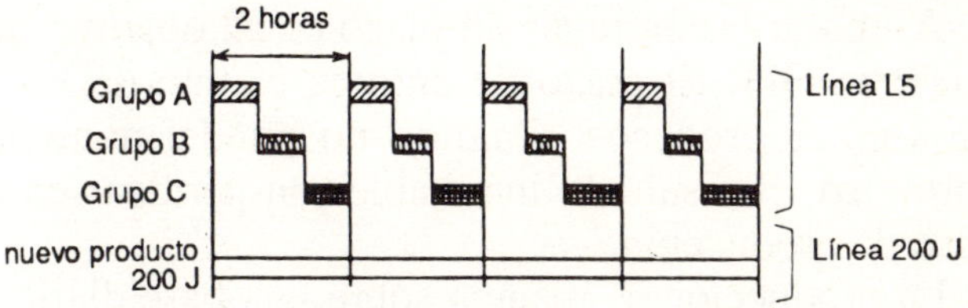

Programa de montaje

	Línea L (A)	Línea L (B)	Línea L (C)	Línea 200 J
cantidad diaria	20 unidades	40 unidades	80 unidades	280 units
cantidad cada 2 h.	5	10	20	70
proporción	1			2

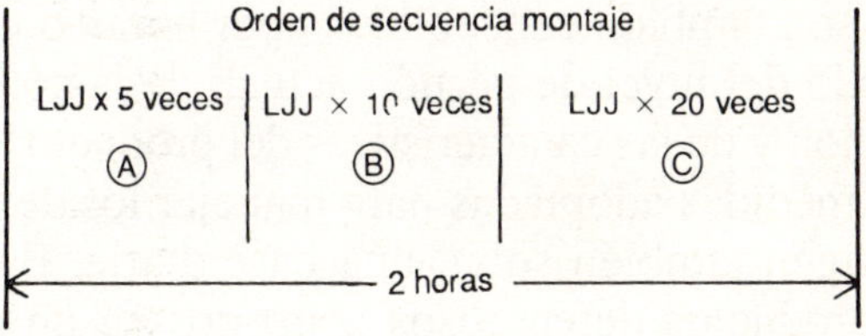

Figura 8-10 Flujo después de mejoras

Resultado de las mejoras:

- El stock de trabajo en curso se ha reducido en el valor equivalente a un día de trabajo.
- Se han ahorrado un tercio de la línea de montaje y 20 metros cuadrados del espacio del centro de trabajo.
- Las horas hombre en manejo de materiales se han reducido en dos horas.
- Las fluctuaciones diarias de la carga se pueden ahora resolver en dos horas.

PRINCIPIOS BASICOS DEL SISTEMA DE PRODUCCION HIT

1. Toda la producción se maneja sobre una base diaria

Asegurar las entregas en plazo es un objetivo importante del sistema HIT. El plazo de entrega es uno de los empeños básicos entre procesos. Cuando no puede mantenerse este compromiso, el resultado inevitable son pérdidas en esperas y excesos de producción.

La producción se maneja sobre una base diaria para asegurar los plazos y prevenir esta clase de pérdidas. Producción por día significa producir y prevenir esta clase de pérdidas. Producción por día significa producir el output requerido en cada día particular dentro del mismo día. Significa hacer de un día la unidad en la que hay que completar un trabajo. Sin embargo, en la práctica, la unidad no es siempre un día. Igualmente, la producción «por pieza» o de «una pieza» es el objetivo, pero son también concebibles «por hora» o «por semana», dependiendo del nivel de gestión actual, de la configuración de la producción y de las características del producto.

Las medidas adoptadas para manejar los defectos de calidad se dirigen también sobre una base diaria. Bajo el sistema HIT, los productos defectuosos ocurridos en un día particular deben ser corregidos dentro del mismo día, mientras el nivel de producción se mantiene.

2. Los stocks de trabajo en curso se mantienen por el proceso que los produce

En Canon, se requiere a cada proceso que almacene el trabajo en curso que produce. Esta regla asegura que los procesos se sentirán suficientemente molestos cuando generen demasiado trabajo en curso y se sentirán motivados para mejorar la situación.

Por otro lado, si la capacidad actual del centro de trabajo no se considera y se permite demasiado poco trabajo en proceso, el centro de trabajo puede atrasarse con frecuencia y tener dificultades para mantenerse en los límites del programa de producción.

Para prevenir esto, Canon fija el nivel del trabajo en proceso para cada centro de trabajo sobre la base de su capacidad actual. Se calcula para cada centro de trabajo la relación entre el valor del stock de trabajo en curso y la tasa de productividad actual, de forma que las mejoras que sigan puedan también medirse. Cuanto más pequeña sea la relación anterior, mejor. El centro de trabajo se evalúa también con la relación entre el espacio disponible y el nivel del trabajo en proceso.

La figura 8-11 ilustra tres razones típicas para la tenencia de stocks de trabajos en proceso. He aquí algunos métodos para eliminar dichos stocks:

Trabajo en proceso causado por diferencias en los tamaños de lote. Cuando los tamaños de lote difieren de un proceso a otro, se pueden acumular stocks de trabajo en proceso antes o después de cualquier proceso. Sin embargo, si se equilibran los lotes de los procesos sucesivos, no puede ocurrir ninguna acumulación. Para conseguir esto, deben adoptarse mejoras que permitan reducciones en los tiempos de cambio de útiles, las cargas mezcladas y análogas.

Stocks «buffer» («justamente en el estante»). Los stocks «buffer» (stocks intermedios «tampón» entre procesos) se acumulan cuando los problemas crónicos se aceptan como normales. Pueden reducirse en primer lugar reduciendo los problemas – manteniendo el equipo para prevenir las averías y siguiendo procedimientos operativos estandarizados.

Trabajo en proceso causado por desfases en el tamaño de los lotes entre la compañía y los suministradores. En Canon, los stocks de piezas elaboradas en el exterior se acumulan en el Centro «Pool» de Piezas (PPC) en la sección de pedidos exteriores. Los stocks PPC están originados por suministradores que no son capaces de cumplir los requerimientos de tamaño interno de lotes de Canon. Para reducir estos stocks, el staff del departamento de pedidos al exterior aconseja a los proveedores sobre las mejoras que pueden conducir a entregar en pequeños lotes.

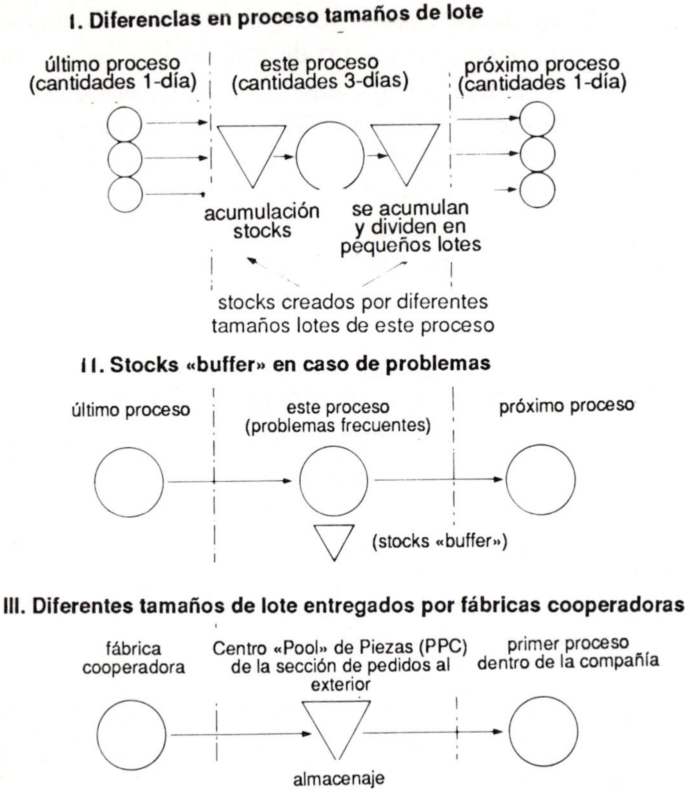

Figura 8-11 Razones para mantener stocks de trabajos en curso

3. Arrastre por procesos siguientes

El «arrastre por los procesos siguientes» es una regla fundamental del sistema de producción HIT. Con este sistema la fábrica se aparta de la tradición del control centralizado hacia un método más simple, auto-regulativo, que es flexible y de gran capacidad de respuesta. En un sistema tradicional de empuje («push»), las órdenes de procesamiento se emiten individualmente a cada centro de trabajo. Los stocks de trabajo en proceso se crean y acumulan por una variedad de razones – para crear stocks «buffer» que resguarden frente a problemas, para llenar un almacén, para sacar partido de la capacidad de una máquina, etc. Cada centro de trabajo «empuja» lo que ha producido para su acumulación en el centro siguiente.

En un sistema de arrastre («pull»), los niveles de trabajo en proceso se reducen al mínimo; cada proceso envía a alguien a retirar al proceso previo la cantidad de material exactamente necesaria. Y este proceso, a su vez, envía a alguien al proceso anterior a retirar una cantidad de material equivalente a la cantidad que le han retirado a él. De este modo, cada proceso basa su producción en la demanda del proceso siguiente, y el control sobre el exceso de producción (y sobre su déficit) está infundido en el sistema. Al mismo tiempo, resulta más fácil sincronizar los diversos procesos de forma que no haya retrasos ni acumulaciones de trabajo en curso.

El sistema es simple y auto-regulativo. Cuando un proceso retira material de un proceso anterior, está al mismo tiempo emitiendo una orden de proceso. La programación global de la producción se hace por un sistema de computador a nivel de planta, pero solamente el montaje final recibe un programa de producción diario actualizado. Los requerimientos de cada proceso precedente están automáticamente determinados por las cantidades y requerimientos de «timing» dados al montaje final

4. Utilizar control visual (con los productos actuales como controles)

Bajo el sistema de producción HIT, cada centro de trabajo se dispone de forma que el control se puede mantener visualmente, a través de los productos mismos. Primeramente, el trabajo en proceso debe reducirse hasta el punto en que las anomalías (en cantidad, calidad o manejo) puedan identificarse fácilmente, simplemente observando las piezas en proceso existentes «in situ». Al mismo tiempo, se designa un espacio de almacenaje para los trabajos en curso y la línea se organiza de forma que la cantidad de trabajo en curso puede determinarse de una ojeada por la altura y número de contenedores.

Cuando la línea de producción se arregla de esta forma, pueden hacerse rápidamente juicios visuales a problemas, retrasos de proceso y otras anomalías. Las piezas mismas sirven como chequeo de las anomalías en el sistema. La cantidad de producción programada para cada día se indica visualmente en el taller y los retrasos pueden detectarse por la acumulación de piezas en una estación, o por comparación entre el nivel de artículos acabados con la cantidad programada. Si la persona enviada a retirar piezas de un proceso anterior descubre que faltan en el área de almacenaje, informa de la anomalía a los trabajadores. De este modo, el problema puede ser abordado inmediatamente y pueden adoptarse medidas permanentes para prevenir su recurrencia.

CONTROL AUTORREGULATIVO DEL PROCESO – EL SISTEMA DE TARJETAS HIT

La base del sistema de tarjetas HIT, utilizado en Canon en las fábricas de producción repetitiva en masa, es la nivelación de la producción. Las tarjetas HIT controlan y refinan la nivelación establecida.

Funciones de las tarjetas HIT

La tarjeta HIT (figura 8-12) controla automáticamente el volumen de producción entre procesos sucesivos. Como las tarjetas se utilizan para conectar la producción entre varios procesos, también controlan la producción en toda la fábrica. Específicamente, la tarjeta HIT sirve como:

- ticket de reconocimiento de los artículos actuales
- orden de transporte o entrega
- orden de proceso
- fuente de información para el control del proceso

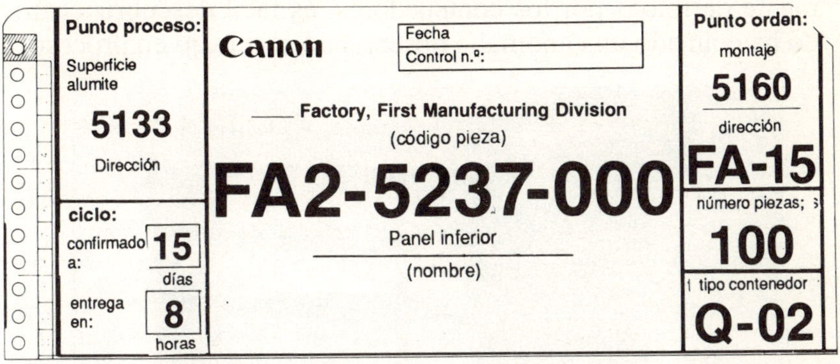

Figura 8-12 Tarjeta HIT básica

El caso siguiente ilustra un formato especial de la tarjeta HIT – el contenedor HIT.

Estudio de caso 8.4 – Contenedor HIT en la fábrica C

La fábrica C produce un alto volumen de pocos modelos. Por tanto, no es eficaz adherir tarjetas HIT a cada contenedor de piezas. Hay muchos contenedores, pero relativamente pocas piezas distintas, en aproximadamente cantidades constantes. Por esta razón, en la fábrica C, contenedores especiales están etiquetados permanentemente con la información usualmente registrada en las tarjetas HIT y se utilizan en lugar de las tarjetas (fotografía 8-1). Cada proceso retira del proceso anterior contenedores llenos de piezas en intercambio con contenedores vacíos. Cada proceso produce entonces la cantidad representada por los contenedores vacíos y coloca los artículos completados en el «almacén», o punto de intercambio de contenedores. Los contenedores circulan en circuito cerrado entre el proceso que emite una petición y el que la cumplimenta. El número de contenedores se calcula y regula como si los contenedores mismos fuesen tarjetas HIT.

Como las cantidades de trabajo en proceso están claramente definidas por los contenedores, es fácil descubrir cuando ha ocurrido una anomalía observando el trabajo en proceso.

«Contenedor para uso exclusivo HIT» impreso en laterales contenedores

Fotografía 8-1 Contenedores HIT en la fábrica C

Reglas básicas del sistema de tarjetas HIT

Se han establecido ciertas reglas básicas que deben seguirse siempre en el sistema de producción HIT (figura 8-13).

Regla #1: No enviar productos defectuosos al proceso siguiente. La identificación y corrección de defectos constituye un fuerte coste y un obstáculo importante para la eficiencia en la producción en cualquier compañía.

En Canon se otorga una alta prioridad a corregir inmediatamente los defectos y a adoptar medidas consistentes para prevenir su recurrencia. En todos los casos en que ha sido posible, las máquinas se han diseñado de forma que paran automáticamente cuando ocurre un defecto. El trabajo también se para

Principios básicos del sistema de producción HIT	Explicación	Medidas que aseguran la eficacia	Objetivos-Resultados	Observaciones
Principio básico 1 No enviar piezas defectuosas al proceso siguiente	Los defectos son un coste principal; crean desorden e interrumpen el proceso. Dar a la prevención de defectos la más alta prioridad	Cuando ocurran defectos • Parar la máquina automáticamente (automatización) • Parar inmediatamente el trabajo (TSS-pare y adopte ación ahora) • Los defectos se corrigen tan pronto ocurren (en el día)	• Identificar y rectificar causas raices • Promover cooperación y una prevención de defectos	
Principio básico 2 Cada proceso toma del proceso anterior las piezas que precisa	Cada proceso conoce lo que necesita y cuando	Seguir consistentemente las reglas HIT: 1. No retirar piezas sin remitir tarjetas HIT 2. Tomar exactamente el número de piezas indicado por las tarjetas remitidas 3. Las piezas deben estar siempre acompañadas por tarjetas HIT	El número de piezas necesarias para cada proceso y cuándo se requieren se determina automáticamente	
Principio básico 3 Producir nada más la cantidad retirada por el proceso siguiente	Cada proceso fabrica la cantidad retirada por el proceso siguiente	Seguir consistentemente las reglas HIT: 4. No producir más que el número indicado por las tarjetas HIT recibidas 5. Producir en el orden de las tarjetas HIT recibidas	Se evitan los excesos y rupturas de productos y las órdenes de trabajo se generan automáticamente	Se hace posible la producción sincronizada («construcción de una cinta transportadora invisible»)
Principio básico 4 Debe nivelarse el volumen y variedad de la producción	Para eliminar el despilfarro que ocurre cuando un proceso retira con grandes fluctuaciones y fuerza al proceso anterior a operar all máx. de su capacid.	Usar pequeños tamaños de lote. Emplear ciclos de tiempo para planificar la producción. Nivelar la secuencia de la producción	Como la carga no puede exceder la capacidad del proceso previo, el excedente de capacidad debe mantenerse en límites mínimos	
Principio básico 5 Las tarjetas HIT son los medios de ajuste fino a la producción	Para responder a los cambios en el programa de producción sin cambiar la instalación de producción (personal, equipo, trabajo en proceso)	Nivelar cambios programa Consistencia como medio de ajuste fino: Los ajustes al plan se harán en base diaria de forma que el rango de fluctuación esté limitado y los cambios permanezcan pequeños y manejables	El ajuste fino diario significa menos necesidad de alterar la disposición de la producción (personal, equipo, trabajo en curso)	Aplicación dentro de los límites de la nivelación
Principio básico 6 Estabilizar y racionalizar el proceso	Para mantener un aprovisionamiento estable de piezas y producir al coste más bajo posible	A través de la comprensión y racionación de las operaciones Mejoras radicales	La estandarización reduce el despilfarro, los desarreglos y desigualdades de los métodos de trabajo y tiempos eliminando el trabajo defectuoso y los defectos	

Figura 8-13 Principios básicos del sistema de tarjetas HIT

cuando algo marcha mal, de forma que el personal pueda adoptar acciones inmediatamente. Cuando los defectos se identifican inmediatamente y se investiga donde han ocurrido, las causas raíces se identifican más fácilmente. Los directores y supervisores pueden entonces trabajar cooperativamente para prevenir ocurrencias adicionales. Todos los elementos defectuosos se corrigen o reemplazan en el día en que surgen.

Regla #2: Retirar las piezas necesarias del proceso anterior. Como cada proceso recibe automáticamente una «orden de trabajo» cuando cualesquiera piezas se retiran de su almacenamiento, siempre sabe cuánto necesita hacer y cuándo. Por esta razón, cada proceso es responsable de extraer la cantidad necesaria del proceso anterior. Este a su vez es responsable de retirar igual cantidad del proceso anterior a él, y así sucesivamente. Las cantidades que se pueden retirar a lo largo del sistema están determinadas por el número permitido de tarjetas HIT en circulación.

Por tanto:

- No se retiran piezas sin remitir tarjetas HIT.
- No se pueden retirar más piezas que las indicadas en las tarjetas HIT remitidas.
- Las piezas deben estar acompañadas siempre por tarjetas HIT.

Regla #3: Producir nada más que la cantidad retirada por el proceso siguiente. Para mantener el control sobre la producción – para prevenir la acumulación de trabajo en proceso o faltas de piezas – cada proceso debe producir según *orden,* y *en el orden* en el que las tarjetas se reciben.

Por tanto:

- No producir nada más que lo indicado en el número de tarjetas HIT.
- Siempre producir piezas en el orden de las tarjetas HIT recibidas.

Regla #4: Nivelar el volumen y variedad de la producción (alisamiento de la producción). Si un proceso retira piezas desniveladamente (en términos de la cantidad o del «timing»), el proceso previo estará forzado a operar al límite de su capacidad en personal, equipo y trabajo en proceso. Para reducir este despilfarro, es necesario reducir la fluctuación, nivelando la producción entre proceso y proceso. Para conseguir esto:

- *Utilizar tamaños muy pequeños de lote.*
- *Utilizar ciclos para planificar la producción.* Cuando la producción se repite en su pauta y se acortan los ciclos, la gestión resulta más fácil desde todos los puntos de vista.
- *Nivelar la secuencia de la producción.* Esto ayuda a realizar la producción sincronizada – «el transportador invisible».

Como la carga del proceso no puede exceder la capacidad del proceso previo, la eliminación de las innecesarias fluctuaciones en la demanda permitirá a cada proceso funcionar con los límites mínimos de exceso o reserva de capacidad.

Regla #5: Utilizar las tarjetas HIT para refinar la producción. El sistema de tarjetas HIT permite a una fábrica responder rápidamente y con poco esfuerzo a las fluctuaciones súbitas de la demanda. Como solamente el montaje final recibe un programa de los requerimientos diarios de producción, se espera que todos los procesos anteriores respondan dentro de un cierto rango a las fluctuaciones diarias de la demanda. Simplemente cumplen las órdenes representadas por las tarjetas HIT, utilizando capacidad de reserva conforme la transferencia de tarjetas HIT se incrementa. Esta capacidad para ajustarse fácilmente a las fluctuaciones dentro de un rango es lo que denominamos el refinamiento o ajuste fino de la producción.

Cuando la demanda cambia, el plan de producción se ajusta sobre una base diaria para limitar el rango de las fluctuaciones y mantener los cambios pequeños y manejables. Esto permite funcionar el ajuste fino con las tarjetas. Como regla, los cambios grandes o estacionales que puedan anticiparse, se nivelan para permitir una seguridad diaria en el ajuste fino siempre que sea posible. Por ejemplo, la nivelación del volumen de ventas a lo largo del año reduce el número de cambios importantes en la organización de la línea (p.e., recalcular el número de trabajadores o el ciclo de tiempo).

Regla #6: Estabilizar y racionalizar el proceso. El objetivo último es estabilizar el suministro de piezas y producir al coste mínimo. A través de la estandarización y racionalización de todas las operaciones, las tres M – despilfarro (*muda*), excesos de producción (*muri*), e inestabilidades o desequilibrios (*mura*) – en los métodos y tiempos de trabajo desaparecen. Se eliminan tanto los productos como los trabajos defectuosos.

Circulación de las tarjetas HIT

El método estándar de circulación de las tarjetas HIT en Canon se ilustra en la figura 8-14.

En el centro de trabajo de montaje, se adoptan los siguientes pasos:

1. En montaje, cuando se utiliza el primer artículo, la tarjeta HIT de montaje se retira del contenedor y se coloca en la «caja correo».
2. En una operación de ciclo fijo y con horario progrmado, un trabajador asignado al transporte interno retira las tarjetas HIT de la «caja correo» del montaje y va a retirar piezas de los almacenamientos de artículos acabados de la secciones de proceso.
3. En cada contenedor que coge, coloca una tarjeta HIT del montaje en el lugar en el que estaba adherida la tarjeta HIT de la sección de proceso. Entonces coloca las tarjetas HIT de la sección de proceso que ha retira-

do en la «caja correo» de dicha sección y vuelve con las piezas al montaje.

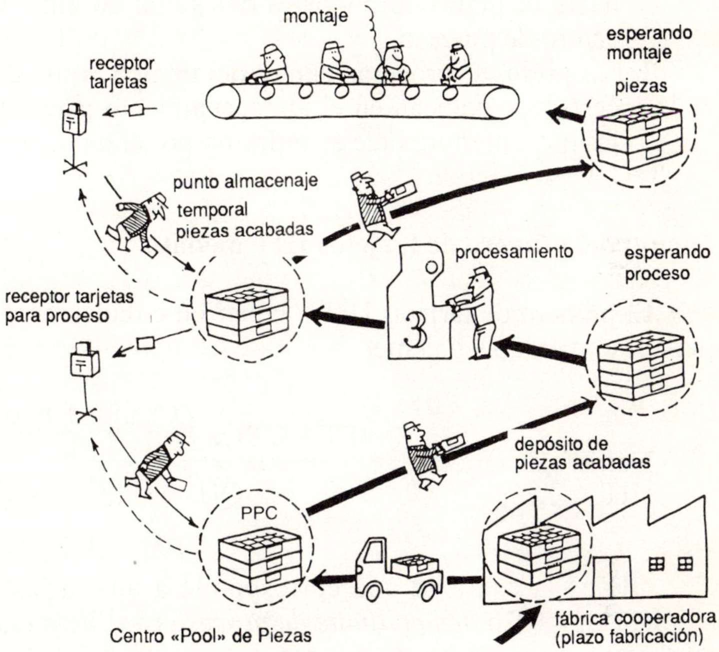

Figura 8-14 Circulación tarjetas HIT

En el centro de proceso de piezas, el procedimiento es como sigue:

1. En tiempos programados, un trabajador de transporte interno va al almacén donde esta sección de proceso deposita sus piezas acabadas, retira las tarjetas HIT que están allí en la «caja correo» y entonces se traslada al almacén de trabajos acabados del proceso previo a retirar piezas.
2. Retira las tarjetas HIT que estaban adheridas en los contenedores que va a trasladar y coloca en su lugar

las tarjetas HIT que llevaba consigo; coloca las tarjetas HIT que ha retirado de los contenedores en la «caja correo», y traslada el contenedor lleno de piezas hasta el punto de depósito del stock de entrada del centro de proceso.

3. Las piezas se procesan dentro del tiempo límite de proceso y se colocan en el almacenamiento para reponer las que anteriormente se retiraron por el montaje.

Cálculo del número de tarjetas HIT a emitir

El número de tarjetas HIT a poner en circulación se calcula por el método siguiente:

$$\text{Número de tarjetas HIT} = \frac{(PT + CT) \times \left(\frac{\text{Cantidad diaria}}{8}\right)}{QH}$$

QH es la cantidad que corresponde a una tarjeta HIT (redondeada). PT o *tiempo límite de proceso* es el tiempo necesario para retirar las piezas del proceso previo más el tiempo necesario para procesarlas y colocarlas en el almacenamiento. CT o *ciclo de tiempo de entrega* es el período de tiempo necesario para procesar un lote. Por ejemplo, el ciclo de entrega de una pieza que tiene que procesarse una vez cada día es de ocho horas. Si se retira cuatro veces en cada día, el ciclo es de dos horas, etc.

Manejos especiales

Tarjetas expres. Estas tarjetas funcionan como órdenes de proceso de alta prioridad. Se emiten cuando un problema en la línea causa una omisión de elementos que crean un serio obstáculo a la producción.

Tarjetas especiales. Estas tarjetas se emiten cuando es necesario un incremento temporal de la producción por un proceso siguiente que está trabajando en horas extraordinarias o vacaciones, o cuando se precisa constituir un «buffer» de piezas temporal para permitir un mantenimiento extraordinario de una máquina. Cuando se ponen en el sistema tarjetas especiales, se toman también en cuenta las necesidades de tiempo de producción y materiales de los procesos previos.

Tarjetas con números parciales. Ocasionalmente se producen piezas defectuosas que impiden completar un lote ordenado con una tarjeta HIT. Estos lotes parciales no se colocan en el almacenamiento, sino que se mantienen separadamente como lotes incompletos. Se utiliza una tarjeta con número parcial para producir los artículos en el lote siguiente. Entonces, al lote completo se le da una situación prioritaria en el almacén sobre una base primero entrado, primero salido.

«Escenario y apoyos» del HIT

El sistema de producción HIT no puede funcionar bien a menos que el personal en la línea de producción siga las reglas. Por tanto, el área de trabajo debe organizarse para hacer fácil la adhesión a las mismas. Un modo es implantar controles visuales – de forma que el personal pueda ver de una ojeada si ha ocurrido un problema. El siguiente «escenario y apoyos» del sistema HIT se ilustra en las fotografías 8-2 y 8-3.

Almacén. Los artículos acabados por un centro de trabajo se colocan en un lugar de almacenamiento dentro del centro de trabajo para servir al consumidor – el proceso siguiente. El almacenamiento se ha instalado de forma que el cliente pueda retirar fácilmente las piezas:

1. Se han instalado los estantes con un eficiente uso del espacio.

2. Cada artículo tiene un espacio asignado, arreglado por número de pieza y destino.
3. Las direcciones están expuestas de forma prominente deforma que cada uno puede leerlas de una ojeada.

Foto 8-2 Almacenaje

Foto 8-3 Cajas correo de montaje

Foto 8-4 Cajas correo de procesos

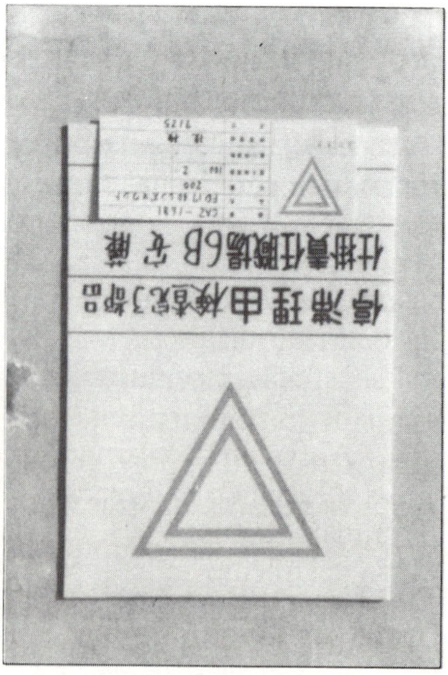

Foto 8-5 Un tablero de señales explica la acumulación de trabajo en proceso «razones para el almacenaje: piezas que han sido verificadas. Responsable del trabajo en proceso: Centro de trabajo 6B, Ando.

Cajas correo. Las cajas correo para recibir las tarjetas HIT están compartimentalizadas por número de pieza o ciclo de entrega para facilitar su uso.

Tableros de señales. Se usan tableros de señales en el centro de trabajo para identificar áreas especiales, materiales, o equipo, o para explicar su presencia en el centro de trabajo (p.e., razones para trabajo extra en curso).

Carros de mano. En algunos casos, carros de transporte manual se utilizan en los almacenamientos como unidades HIT. Se les adhiere una tarjeta y entonces el carro y su contenido puede trasladarse directamente al proceso siguiente sin una operación de carga.

Contenedores. En el sistema HIT de control de proceso, los contenedores funcionan como una herramienta. Como todos los contenedores están estandarizados para contener un número fijo de artículos, son una herramienta indispensable para mantener un control visual sobre el nivel del trabajo en curso.

Foto 8-6 Tableros de señales en puntos de almacenaje de contenedores vacíos.

Foto 8-7 Almacenaje de carros manuales

Foto 8-8 Contenedores

Adaptación del sistema a diferentes requerimientos de la producción

Los principios básicos del sistema HIT se aplican uniformemente a través de toda la compañía. Sin embargo, se han desarrollado adaptaciones para ajustarlo al tipo de producción realizado en diferentes fábricas.

Fábricas de cámaras fotográficas (gran volumen de producción de unos pocos modelos). En las fábricas de cámaras el número de modelos es relativamente pequeño y el volumen de producción muy elevado. Por esta razón, muchas fábricas de cámaras tienen líneas de producción de dedicación casi completamente exclusiva. Además, hay poca fluctuación en el volumen de producción, porque el volumen total se basa en previsiones de ventas más bien que en órdenes. Por estas razones, los lotes de proceso son de cantidades de un día, y el lote es la unidad a la que se adhiere una tarjeta HIT. Como el flujo diario en lotes de un día es aproximadamente un programa fijo, hay poca necesidad de ajuste fino. El sistema funciona bien bajo estas condiciones con el lote como tarjeta HIT unidad.

Fábricas de máquinas de negocios y de gafas (volumen medio, producción multimodelo sobre previsión). En copiadoras y gafas el número de modelos es grande y hay grandes diferencias en las cantidades de producción de los diferentes modelos. Por ejemplo, en las fábricas de gafas, las órdenes para una producción mensual de 100.000 gafas pueden mezclarse con órdenes de pequeños lotes para una producción mensual reducida. Adicionalmente, son comparativamente grandes las fluctuaciones en el volumen de producción de un mes a otro. En este tipo de fábrica, el contenedor es la unidad a la cual se adhiere la tarjeta HIT. Los ajustes para las fluctuaciones menores de un día a otro son auto-regulativas y los cambios en los planes de producción mayores pueden manejarse añadiendo o retirando unas pocas tarjetas HIT.

Fábricas de instrumentos ópticos (bajo volumen, producción multimodelo sobre pedido). La producción en las fábricas de instrumentos ópticos es completamente diferente de la referida a cámaras o máquinas de negocios. Como los volúmenes por tipo son bajos, con muchos modelos sobre pedido, el grado de repetitividad es también bajo y es difícil adaptar las tarjetas a esto. La estructura básica del sistema de producción HIT permanece incambiada, pero en estas fábricas se ha desarrollado un sistema de señales – un sistema de regulación computerizado que permite manejar eficientemente una producción multimodelo con bajos volúmenes por tipo (véase estudio de caso 8.5).

Fábricas cooperadoras. En su mayor parte, las entregas desde las fábricas cooperadoras se han sincronizado con los procesos de las propias fábricas de Canon. Sin embargo, algunos proveedores no tienen hasta el presente la capacidad para entregar en pequeños lotes sincronizados con los lotes empleados en Canon. Estas discrepancias de lote adoptan la forma de trabajo en proceso mantenido en los PPC de Canon (centros «pool» de piezas).

Para facilitar el sistema de flujo continuo en las fábricas cooperativas, Canon provee guía y asistencia para las mejoras a través de los métodos de fabricación y equipos que han tenido éxito en Canon.

Los mayores plazos de fabricación en las fábricas cooperadoras representan un gran porcentaje del plazo total de producción de Canon. Acortar el tiempo total consolidado ayudando a reducir los plazos de producción en las fábricas cooperadoras es una tarea continua e importante de Canon.

ESTANDARIZACION Y EVALUACION DEL SISTEMA HIT

Establecimiento de la «Constitución HIT»

Conforme se estaba introduciendo, el sistema HIT adoptó una variedad de formas, dependiendo del tipo de producción realizado en las fábricas individuales. Para asegurar que el sistema se implementaba efectivamente a través de Canon, se concretó una lista de principios básicos (la «Constitución HIT») para identificar las estrategias consideradas esenciales en cualquier entorno de producción. El objeto era fijar un conjunto simple de estándares que podrían implantarse inmediatamente cualesquiera fuesen las condiciones existentes. Después de esto, lo demás sería sólo una cuestión de elevar los niveles. Los siguientes principios se han considerado los más importantes. Cada uno ayuda a asegurar que cada centro de trabajo y departamento sea responsable de su propio trabajo en proceso:

- Arrastre por el proceso siguiente *diariamente* (como mínimo).
- Cada proceso *puede* manejar su operación como un lote singular (p.e., puede mantener stock de trabajo en proceso) en concordancia con su capacidad actual.
- Manejar los stocks de trabajo en proceso resultantes de los desfases entre los tamaños de lote de la compañía y sus suministradores estableciendo un centro «pool» de piezas (PPC) bajo la dirección de la sección de aprovisionamientos.

Alcanzar un objetivo es importante, pero mantener y elevar los niveles desde ese punto era improbable sin una dirección efectiva durante el cambio y después. Bajo el CPS, el desarrollo del sistema HIT era un objetivo importante. Sin embargo, era igualmente importante construir un sistema de dirección que hiciese fácil implementar y evaluar el progreso del HIT. Se adoptaron en Canon algunos pasos importantes para simplificar y clarificar responsabilidades y evaluación.

El primer paso fue definir el tiempo de rotación ideal del trabajo en proceso y los estándares de cantidades «arrastradas» diariamente. Utilizando esto como base, los directores establecen objetivos de mejora global y planifican niveles de actividad manejables para las cantidades diarias a procesar. Una vez que se ha establecido el estándar y el plan correspondiente, el trabajo de cada día se dedica fundamentalmente a identificar y superar los obstáculos que impidan el objetivo.

Después, era importante asegurar que los problemas se gestionasen por las personas que estuviesen en la mejor posición para resolverlos. Como se ha mencionado anteriormente, la acumulación de trabajo en proceso se permite solamente en el departamento que lo produce. De este modo, los jefes de departamento que planificaban la reducción del trabajo en proceso eran responsables de la acumulación eventualmente creada en sus propios departamentos. Similarmente, el PPC concentraba la acumulación del trabajo en curso de los suministradores en un solo lugar, donde podía tratarse con efectividad por el staff del departamento de aprovisionamientos exteriores.

	Indicadores globales	Indicadores individuales
Jefe división	Plazo de rotación del trabajo en curso en el departamento.	• Cambio en el nivel de las cantidades «arrastradas» diarias. • Tasa de cantidad «arrastrada» diaria (tasa HIT).
Jefe sección producción	Plazo de rotación del trabajo en proceso en el departamento	• Cambio en el tiempo gastado manejando cambios en programa de producción. • Cambio en valor coeficiente resistencia al flujo. • Cambio en tiempo invertido en arranque primer proceso.
Jefe sección fabricación	Plazo de rotación del trabajo en proceso en la sección	• Tasa proceso cantidad diaria • Cambio en índice integración proceso. • Cambio en plazo proceso.
Jefe sección pedidos al exterior	Plazo de rotación trabajo en proceso en PPC y pedidos al exterior	• Tasa entregas cantidades diarias. • Cambios en plazo ejecución órdenes.

Figura 8.15 Unificación indicadores dirección

¿Cómo podríamos saber dónde los problemas se estaban resolviendo con efectividad? Poniendo a toda la compañía bajo el mismo sistema (en producción HIT) y estableciendo indicadores simples de control. Otros indicadores básicos de dirección se ilustran en la figura 8-15, clasificados por responsabilidades departamentales.

Medición de las mejoras en el sistema HIT.

Para mantener el sistema de producción HIT operando con eficiencia, todo el personal debe entender cómo se mide a su propia área de trabajo contra el sistema en su conjunto. La figura 8-16 ilustra una evaluación en cinco fases que utiliza como variables de medición los objetivos últimos de mejora bajo el sistema HIT. El progreso del centro de trabajo puede evaluarse subjetivamente en cada una de las cuatro principales categorías de mejora – pequeños tamaños de lote, sistematización, nivelación y arrastre por los procesos siguientes.

Sin embargo, para obtener datos cuantitativos sobre el progreso, se utilizan las siguientes medidas adicionales:

$$\text{Tasa proceso cantidades diarias (cantidades diarias o menores)} = \frac{\text{Piezas procesadas diarias por centro de trabajo en cantidades fijas}}{\text{Total piezas procesadas por centro de trabajo}} \times 100$$

$$\text{Tasa de entregas en cantidades diarias} = \frac{\text{Cuenta entregas cantidades diarias}}{\text{Cuenta entregas totales}} \times 100$$

$$\text{Indice de integración procesos} = \frac{\text{Centros de trabajo visitados por las piezas procesadas por esta sección}}{\text{Total piezas procesadas por esta sección}}$$

La *tasa de proceso de cantidades diarias* calcula el porcentaje de piezas que se procesa en cantidades fijas diariamente. La *tasa de entregas en cantidades diarias* se utiliza por el departamento de aprovisionamientos externos para verificar el porcentaje de piezas de suministradores externos que se entregan en cantidades diarias o en lotes más pequeños aún. El *índice de integración de los procesos* mide el progreso de la sección hacia el procesamiento secuencial o la sistematización.

El objetivo del procesamiento secuencial es realizar todo el procesamiento de una pieza particular, p.e., mecanizado, taladrado, rectificado, etc., en un centro de trabajo singular. Así, este índice cuantifica el grado hasta el cuál los centros de trabajo de la sección están distribuidos en planta de acuerdo con el flujo del proceso de la pieza más bien que por tipo de máquina. Se determina contando cuántos centros de trabajo debe pasar una pieza hasta completarse su proceso.

EL SISTEMA DE SEÑALES

El sistema de señales ofrece alguno de los beneficios de un sistema de flujo continuo a las plantas con producción multimodelo, con bajos volúmenes por tipo. Se utiliza un sistema de información computerizado para planificar y mantener programas diarios y prevenir rupturas. Se le denomina sistema de señales porque se usan varias clases de señales o claves de información para mantener el control. Por ejemplo, en el momento en que un contramaestre estima qué factores externos pueden impedir que se complete el trabajo del día, envía una «señal» a sus superiores y departamentos staff requiriendo una acción rápida para prevenir cualquier retraso o transferir trabajos al siguiente día.

El siguiente estudio de caso ilustra cómo el sistema de señales trabaja en las fábricas Canon de productos de óptica.

Estudio de caso 8.5 – El sistema de señales en la fábrica K

Panorámica de la producción. La fábrica K está dedicada a la producción de equipos de óptica especializados en tres áreas: equipo de óptica empleado en cámaras TV, equipo usado en exámenes médicos, y equipo alineador de semiconductores. Los lotes de estos diversos productos varían entre una y veinte unidades y el número de piezas necesarias por

Fase	1	2	3	4	5
Pequeño tamaño de lote	Cantidades mensuales	Cantidades semanales	Cantidades diarias	Cantidades por hora	Una pieza
Secuencia de procesos dentro de Canon Sistematización	Todos los procesos separados	Secuenciados todos los procesos dentro del centro de trabajo	Secuenciados todos los procesos dentro del departamento	Secuenciados todos los procesos excepto el montaje	Secuenciados todos los procesos desde los materiales al montaje
Secuencia de procesos (subcontratados)	Procesos subcontratados individualmente	No piezas «ping-pong» vuelven al mismo centro de trabajo después de subcontratadas	Los procesos primario y secundario** se integran y van a un solo subcontratista	El trabajo conjunto de proceso de piezas va a un solo subcontratista	El conjunto de trabajo' de una unidad, incluído montaje, va a un solo subcontratista
Nivelación	Producción «como viene»	Lotes fijos	Aplicación de la tecnología de grupo*** al ciclo de procesos	Integración de todos los ciclos de procesos	Proceso en mezcla de modelos
Arrastrar	«Empujar»	Tarjetas HIT (producción sin excedentes)	Centro «Pool» de piezas (descomposición de entregas externas en pequeños lotes)	Centro «Pool» de piezas (los proveedores usan el mismo tamaño de lote)	Proceso en orden de llegada de las tarjetas HIT

* Efecto pelota «ping-pong» – Cuando un proceso se completa las piezas siguen adelante, pero si se descubre un defecto vuelven a la estación previa para corrección y se expiden de nuevo. Este ir y venir es análogo al de una pelota de tenis.

** «Síntesis primario-secundario» – En los procesos de fabricación hay muchas operaciones que son las mismas o similares. Estas operaciones deben integrarse naturalmente en un proceso. «Primario» y «secundario» se refiere a los procesos primero y segundo a integrar.

*** Tecnología de grupo – Cuando las piezas similares se procesan juntas, la productividad se incrementa.

Figura 8-16 Sistema de evaluación - sistema en cinco fases.

mes es 13.000 para las piezas repetitivas y 7.000 para ítems únicos.

Operación del sistema de señales. El objetivo del sistema de señales en la fábrica K es asegurar que no existen faltas de piezas en las entregas a montaje, manteniendo los programas diarios planificados en cada proceso. Se emplea un sistema de información computerizado (EDP) con dos funciones primarias: proveer planes diarios de producción, y mantener las condiciones que permitan que todos los procesos se completen dentro de cada día. Se compone de tres subsistemas: un sistema de programación, un sistema de control del input de material y un sistema de control de señales.

Sistema de programación. Los programas diarios para montaje y proceso se determinan mediante reunión entre los departamentos de marketing y producción. Estos programas permiten que la planta cumpla las fechas de entrega de cada orden de producción. (Cuando los planes se determinan, se formula un gran énfasis en nivelar las cargas día-a-día para ayudar a asegurar su logro).

Sistema de control del input de material. Este sistema asegura un aprovisionamiento fiable de materiales de forma que la línea pueda comenzar los procesos de acuerdo con el programa diario. Combina métodos de control del stock y de las entregas de terceros con los registros de control de producción para la gestión del progreso diario.

Sistema de control de señales. Este sistema promueve la prevención y la rápida recuperación de los retrasos. Cuando los programas de procesos se retrasan por el retraso en las entregas de materiales, o la preparación de plantillas, averías de equipos, u otros factores externos, el encargado alerta a una «task force» de directores y personal de los departamentos staff para que adopten acción apropiada. Una tarjeta de señal se coloca en una «caja correo» (figura 8-17) para indicar visualmente las piezas retrasadas en los procesos previos. La

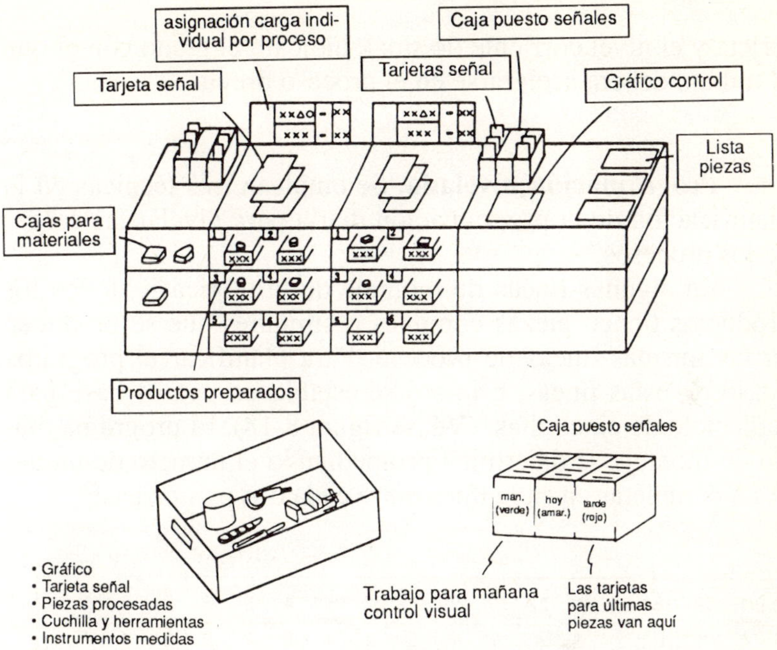

Gráfico control

Gráfico control **Bloque**

	Fecha	Proceso				Total	Actual Tiempo extra
Distribution Plan	Trabajador						( )/(480 +)
							( )/(480 +)
							( )/(480 +)
							( )/(480 +)
							( )/(480 +)
							( )/(480 +)
							( )/(480 +)
							( )/(480 +)
							( )/(480 +)
							( )/(480 +)
	Total distribuido						
Planif. (rojo)							Total: ( )/( ) = (%) Objetivo: (%)
Prioridad lotes trabajo							
Planificado (rojo) remanente Comentarios							

Figura 8-17 Sistema de señales

tarjeta y el nivel corriente de stock indicará el grado con el que el trabajo deberá acelerarse en el proceso previo.

Programación nivelada. Se emplean tres técnicas en la planificación de la programación diaria para nivelar las cargas de los procesos.

En algunas líneas de montaje de la fábrica K, todos los productos tienen piezas comunes o similares que se producen en las mismas líneas de proceso. Para planificar el programa diario de estas líneas, primero se establecen puntos base para cada ciclo de cinco días. (Véase figura 8-18). El programa diario de montaje se determina promediando el número de unidades a completar en cada línea entre cada dos puntos base.

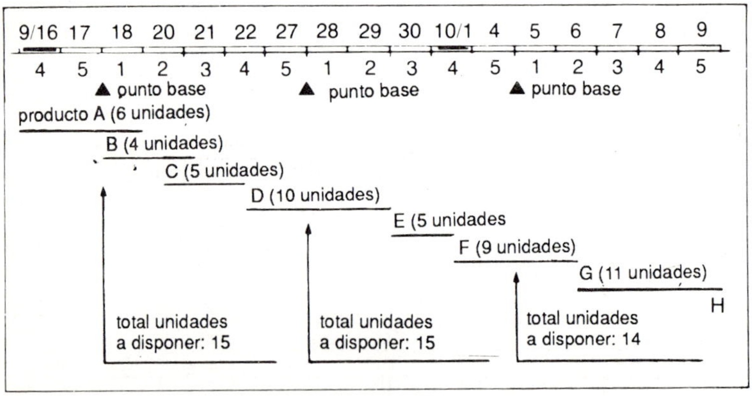

Figura 8-18 Nivelación del número de unidades estableciendo puntos base cada cinco días

La lógica de programación del sistema EDP desarrolla el número de unidades de producto a completar para las órdenes de producto entre cada punto base sobre una base de piezas unitarias. Como el volumen de producción en piezas se calcula simplemente trabajando de adelante hacia atrás desde el punto base en orden estándar, puede haber casos en los que la carga de proceso de piezas se concentre en una máquina.

En estos casos, se emplea un segundo método. (Véase figura 8-19). El punto base para las unidades de piezas se cambia hacia adelante para los procesos (máquinas) en los que la carga se concentra, en orden a producir una pauta nivelada de proceso.

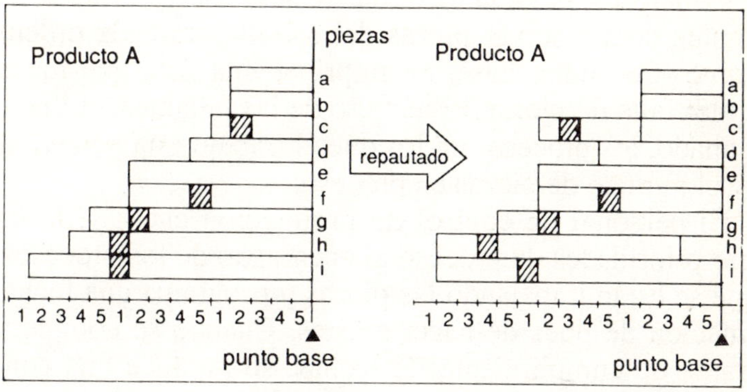

Figura 8-19 Nivelación a través de cambios de pauta proceso

Cada producto tiene una pauta de proceso independiente y las órdenes de producto cambian mensualmente, de forma que es imposible garantizar la nivelación en cada proceso para todos los productos que se producen. Por tanto, como tercer expediente, cuando se establece la pauta de proceso de cada producto, las piezas similares compartidas por diferentes productos se programan para proceso en el mismo día en el ciclo de cinco días. Esto ayuda a balancear las cargas de proceso por anticipado en la programación mensual y diaria.

Bajo el presente sistema, el objetivo de nivelación es que el 80 por ciento de las cargas diarias de cada proceso se mantengan dentro del rango de la carga media, más menos el 20 por ciento. En los centros de trabajo, el objetivo global es asegurar que el trabajo programado para el día se complete cada día. Esto se consigue primariamente a través de la programación y el control de materiales y el enfoque de «task force» para gestionar los retrasos descritos anteriormente. Otras medidas incluyen trabajar para una mayor versatilidad de los trabajadores (a través del entrenamiento y promoviendo el auto-desarrollo), alternar procesos entre máquinas, y horas extra ocasionales y trabajo en vacaciones.

«Backup» para el sistema de señales. El sistema EDP se emplea para reservar piezas del stock: para cada orden 14 días antes del punto base. Se imprime una lista que muestra cualquier falta de piezas, el número de las faltantes, el lote inspeccionado, los procesos en los que el trabajo está aún en marcha, y el número de piezas en proceso.

El personal de control de producción chequea la lista, sugiere prioridades de proceso al encargado de los procesos en los que se están trabajando las piezas y programa una fecha de terminación después de hacer ajustes. Cuando se completa el programa de cumplimiento de fechas, se produce una confirmación de la completitud de todas las piezas referida como «llegada en firme».

Adicionalmente, tres días antes de que esté programado la retirada de las piezas del stock, se edita un informe de stock para confirmar si las piezas programadas están ya o no en el stock. Por otra parte, las piezas se envían desde el stock en conjuntos completos, de forma que no pueda confirmarse ninguna falta en un chequeo actual de piezas.

Estas mejoras en la habilidad de gestión de la programación diaria y en el complimiento de planes hechos posibles por el sistema de señales han resultado en marcados incrementos en las tasas de cumplimiento de los programas diarios de proceso y de input de material.

DIRECCION DEL TRABAJO: GUIAS DE TRABAJO Y PAC

Consideradas desde el punto de vista de la seguridad de los plazos de entrega, las operaciones individuales no son diferentes de los procesos: deben organizarse de forma que el trabajo pueda completarse de acuerdo con el plan. En otras palabras, «Plan = Resultados» debe llegar a cumplirse.

En Canon, las guías de trabajo y el PAC (análisis de realizaciones y control) son los medios para conseguir este resultado. Las guías de trabajo son como contratos entre trabajadores y encargado – acuerdos mutuos sobre cómo se hará el trabajo. El PAC es un sistema de control que reposa sobre mediciones de rendimientos basados en tiempos estándares – un valor establecido científicamente. Tanto las guías de trabajo como el PAC se emplean para incrementar la productividad del centro de trabajo a través de la planificación.

Guías de trabajo

Una guía de trabajo es el modo óptimo de realización de las operaciones de trabajo escrita en un formato preestablecido. Una operación óptima es una combinación segura y eficiente de las cinco M (Mano de obra, máquinas, material, métodos y medidas) bajo condiciones definidas en los estándares de trabajo. Las guías de trabajo son herramientas para conseguir los objetivos de calidad, coste y plazo de entrega. El supervisor las empea para *dirigir* el trabajo, el trabajador las emplea para *hacer* el trabajo.

Para asegurar los compromisos de plazo de entrega, la planificación debe incluir el nivel del trabajador. Y los planes a este nivel deben dirigirse de forma que cualquiera pueda identificar una discrepancia entre plan y resultados actuales – en cualquier momento, no justamente al final de cada día. Para conseguir esto, el encargado o contramaestre diseña un plan para el rendimiento individual de cada trabajador. Estos planes (en la forma de guías de trabajo) se instalan en cualquier panel donde los trabajadores puedan verlos. De esta forma los trabajadores pueden comparar el trabajo que actualmente están realizando con las guías. Así, puede llegar a ser una realidad la expresión «Plan = Resultados», asegurando los plazos de entrega. (Véase estudio de caso 8.6 como ejemplo de técnica de control visual).

Los tiempos de realización actual son elementos indispensables en la determinación de las guías de trabajo. Si los planes se diseñan teniendo en cuenta solamente el tiempo estándar, los trabajadores con menores rendimientos podrían retrasarse en su trabajo mientras otros, adelantándose, quedarían sin trabajo. Por tanto, se cronometra a los trabajadores individualmente para determinar su tasa de rendimiento actual. En los planes se consideran los tiempos actuales.

Es importante, sin embargo, incrementar la eficiencia de los trabajadores mes a mes y día a día. Por tanto, los encargados realizan campañas de guía y mejora planificada, empleando datos PAC para identificar discrepancias entre el tiempo estándar y el tiempo actual (medido) de realización. Típicamente, los objetivos de rendimiento se incluyen en los propios planes de mejora de los trabajadores (véase el plan a tres meses, capítulo 5). Una vez resuelto el problema de la eficiencia del trabajo, las mediciones realizadas se incorporan a las guías de trabajo. De este modo, las operaciones se refinan continuamente, y las mejoras pueden compartirse con trabajadores de otras líneas que hacen un trabajo similar.

Una guía de trabajo es un plan para un ciclo de trabajo; no puede emplearse por un trabajador que debe ejecutar eficientemente muchas operaciones diferentes. En estos casos, se emplean los *gráficos de planificación del trabajo* para especificar todas las acciones del trabajador en el día, desde el comienzo del trabajo hasta el final.

Se emplean varios tipos de guías de trabajo, dependiendo de la configuración de la tarea:

- En las operaciones en flujo continuo en las que una operación se realiza repetidamente, son suficientes las guías de trabajo solas. (figura 8-20).
- En las operaciones en flujo continuo en la que diferentes operaciones se realizan repetidamente en una pauta conjunta, las guías de trabajo se combinan con gráficos de planificación del trabajo. (figura 8-21).
- En operaciones independientes que incluyen operacio-

Nueva   Revisada .... Año .... Mes .... Día .... Fecha completa ....

Guía de trabajo	Trabajador	Proceso	Bloque		Sección		Jefe sección	Contram.
	Okawa	****Montaje	A-1	1B	Montaje sección uno			
	Capacidad	Proceso nº	Horas/hom estándar	Stock estándar	Cantidad diaria	Tiempo neto	Control nº	
		1-0123	761	3	570	816		

Proced N.º	Nombre operac.unit	WS* N.º	Puntos críticos en operación	SW** (RU)
1	****	156	Chequear**** (muestra indicadora límites) Aplicación de aire a **** Inserción soporte de **** Emplear plantilla posicionamiento sin fallos	109 18 282
2	Confirmar ajuste de ****	175	Chequear**** 50-200 g. (contacto) Ajustar **** Asegurar que **** no es viable Asegurar que **** se cierrra sin holguras Asegurar que todo encaja	201
3	Chequear ****	148	Chequear visualmente posición aproximada de **** Asegurar que el montaje es paralelo a la base	163
4	Montar cubierta****	157		43
			tiempo total	816

Organigrama área de trabajo

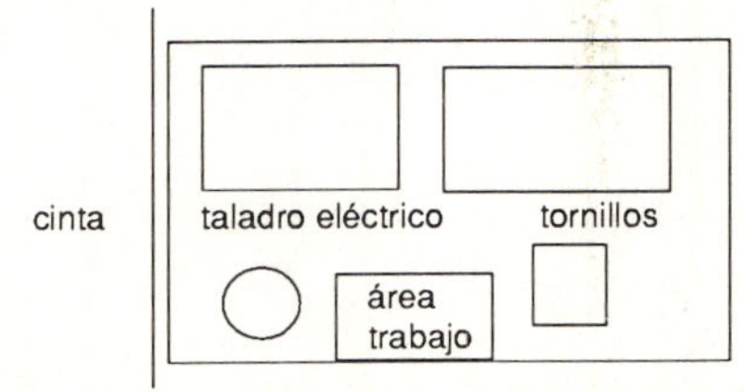

Bosquejo del montaje

*WS = trabajo estándar **SW = tiempo medido con cronómetro
RU = unidad terminada

Figura 8-20 Formato muestra de guía de trabajo para centro de trabajo de montaje

Canon Nueva / Revisión Año: Mes: Día:

Guía de Trabajo	Trabajador	Secc./Bloque	Jefe sección	Contramaestre
		Sección 1B		
	Capacidad	Proceso	Proceso nº	

Diagrama del orden de operaciones

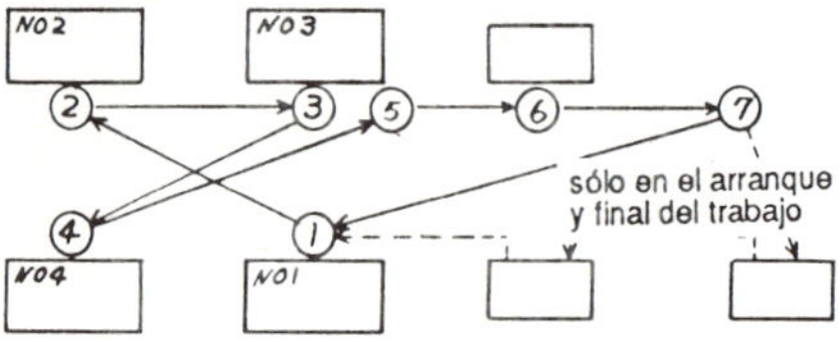

Horas hombre estándar	59 sec.'s
Stock estándar	40
Cantidad diaria (p.c.s.)	436
Tiempo SW	64 sec.'s
Chequeo calidad	◇
Señal seguridad	✚

Proceso

1. Lavar**** después del proceso
2. ¿Está**** insertada fuertemente?
3. Asegurar que **** no está bloqueada ¿Está cerrada?
4. Evitar rayados de****

Puntos críticos

1. Inspeccionar****

Calidad/Seguridad

Elemento / Carac.	Instruc.	Muestra	8:30	9:30	10:30	11:30	1:30	2:30	3:30	4:30
* * *	Espesor 0.01	3	✓			✓			✓	
* * *		3	✓		✓		✓		✓	
* * *		5		✓			✓			✓

No.	Operación	Calidad N/H	Calidad Herr.	Tiempo SW
1	Mover pieza**** a máquina 1			3
	Retirar****			5
	Montar****			6
	Arranque*** máquina 1			3
2	Mover**** a máquina 2			2
	Igual que procedimiento 1			9
3	Mover**** a máquina 2			2
	Retirar****			5
	Montar****			6
	Arranque máquina 3			2
4	Mover**** a máquina 4			3
	Igual que procedimiento 3			9
5	Colocar**** en máquina 3			3
6	Mover a área****			3
7	Mover a área****			4
			Tiempo total	64

Tiempo operación / Tiempo operación / Operación máquina / Andar

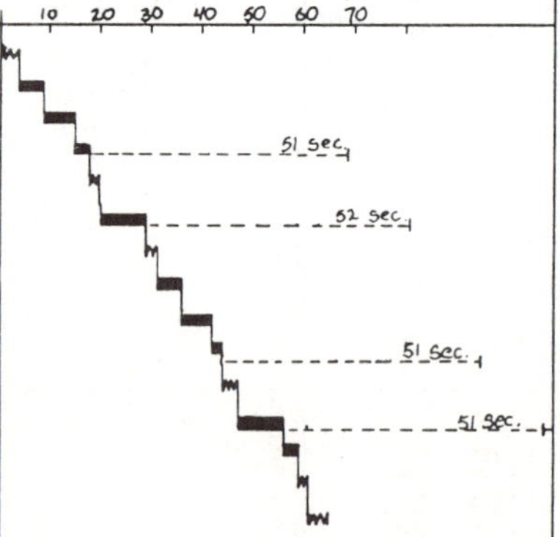

Figura 8-21 Formato muestra de guía de trabajo para centro de trabajo de proceso

Canon

Nuevo / Revisado   Año: Mes: Día: Fecha complet.:

Gráfico planific. trabajo	Trabajador	Proceso	Sección bloque	Controll No.	Jefe sección	Encargado
	******	******				

No.	Operaciones	SW.* (RU)	Frec.	PT (min.)**	Tiempo operación (unidad:hrs.)	Puntos críticos
	Arranque maquinaria			5		
	Instalar plantilla			8		Pulsar electricidad, aire, agua
	Reponer pieza******			5		
	Inspeccionar y reponer refrigerante			5		
	Operación******	883	436	385		
	Traslado de******	1600	7X	11		
	Inspección de******	2000	4X	8		
	Inspección de******	1000	5X	5		
	Traer materiales	5000	2X	10		
	Retirar plantilla			5		
	Limpiar			15		Cortar electricidad, aire, agua
	Parar maquinaria			2		
			Tiempo total	464		

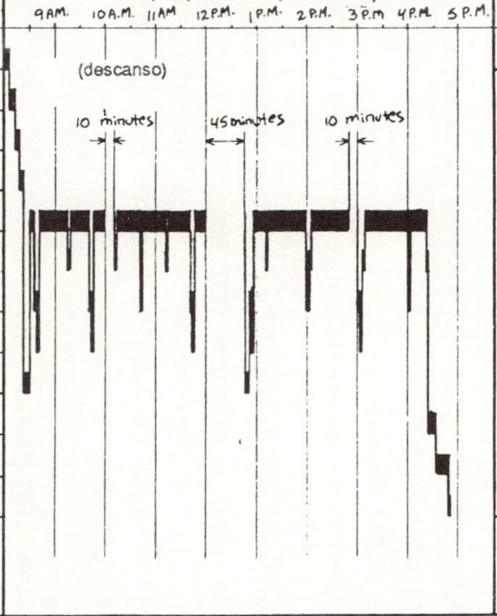

WG-1

* SW: Tiempo medido con cronómetro para elemento hecho

** PT: Tiempo de proceso (total para cada operación en minutos)

Figura 8-22 Formato muestra para gráfico planificación trabajo

nes diferentes realizadas repetidamente en una pauta conjunta, también se preparan y usan gráficos de planificación del trabajo (figura 8-22).

Estudio de caso 8.6 – Sistema de selección en la mañana en la fábrica F

Los controles visuales pueden servir como una forma sofisticada de guías de trabajo – los productos mismos indican a los trabajadores cómo deben manejarse. El siguiente estudio de caso ilustra este tipo de control visual en el «sistema de selección en la mañana».

Este sistema es un método de una fábrica de Canon desarrollado para la reducción del trabajo en proceso y el control visual en el proceso de piezas. El nombre se refiere al objeto del proyecto de mejora: asegurar que las piezas seleccionadas por la mañana se han acabado al terminar la jornada laboral.

Se emplean tres conceptos básicos en el sistema de selección en la mañana:

- La producción planificada y el output actual de cada trabajador se conoce minuto a minuto.
- Las piezas se manejan en un flujo de una a una.
- Unicamente se mantiene el aprovisionamiento de piezas correspondientes a un día.

Un control visual indica continuamente la diferencia entre la producción planificada y la realización actual. La cantidad programada diariamente para cada trabajador se indica en un panel próximo a un contador automático que muestra el output actual. De este modo, el trabajador puede observar con una ojeada cuantas piezas debían estar procesadas en un cierto momento y cuantas realmente se han completado (figura 8-23). Asimismo, una línea gráfica muestra el output correspondiente a un rendimiento del 100 por cien, de forma que puede medirse inmediatamente el nivel de eficiencia actual. Observando el contador y el panel, el trabajador puede valorar el trabajo de acabado pendiente hasta el final del día para las piezas seleccionadas por la mañana. Las funciones esenciales de dirección del trabajo están incorporadas en el contador y en el número programado en el panel. El supervisor que hace rondas de inspección puede identificar problemas en el centro de trabajo rápidamente porque el progreso del proceso es inmediatamente visible.

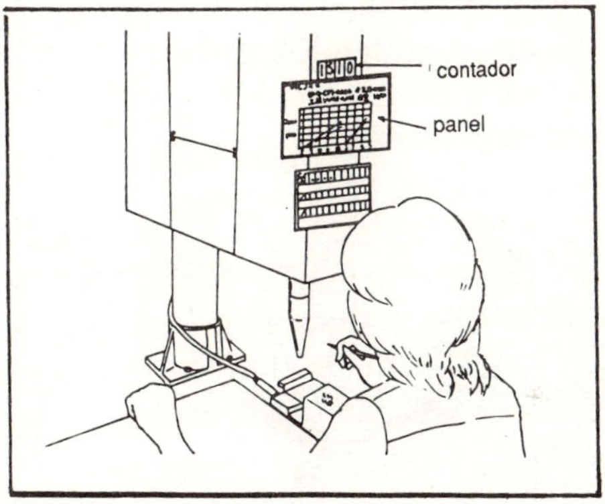

Figura 8-23 Montaje de contador y panel

La regla de mantener solamente el aprovisionamiento de piezas de un día se introdujo para reducir el trabajo en proceso y promover un centro de trabajo ordenado y eficiente. El trabajo en proceso que anteriormente se acumulaba en cantidades equivalentes a tres o cuatro días de producción, se ha reducido drásticamente, y se ha producido también un ahorro considerable de espacio.

La manipulación de piezas en flujo continuo de una a una exige sincronización, como en las operaciones en cinta transportadora. Sin embargo, este centro de trabajo está inmerso en una producción en pequeños lotes de múltiples modelos, utilizando máquinas multipropósito. Por tanto, sincronizar las operaciones era imposible a menos que pudiesen establecerse conexiones regularizadoras entre uno y otro trabajador. En consecuencia, el proceso en flujo singular ha sido posible solamente después de incorporar un cierto número de mejoras, lo que incluye minicintas transportadoras de bajo coste, rampas y un número fijo de contenedores especialmente diseñados (figura 8-24).

Tres meses después de estas mejoras, el centro de trabajo alcanzó un aumento de productividad del 69 por ciento, una reducción del 66 por ciento en el trabajo en proceso y una reducción del 45 por ciento en los defectos de calidad.

Figura 8-24 Montaje minicinta transporte

Análisis de rendimientos y control (PAC)

Hablando generalmente, hay dos modos de incrementar la productividad. Uno es mejorar el sistema de fabricación (renovación del equipo, mejora de métodos, etc.). El otro es mejorar los rendimientos dentro de un sistema establecido de fabricación. El PAC es un sistema para incrementar la productividad a través del último enfoque. Canon introdujo el PAC en 1971, pero no extendió su implantación a toda la compañía hasta 1976, cuando se introdujo el CPS. La implantación completa del PAC significó poner el práctica los siguientes cinço principios:

1. Medir el rendimiento con estándares científicos.
2. Emplear la guía y la habilidad interpersonal de los supervisores más bien que los incentivos financieros.
3. Clarificar las áreas de análisis de rendimientos y control por orden y responsabilidades.
4. Informar sobre los rendimientos analíticamente.
5. Emplear una fuerza de trabajo móvil, flexible para asignar personal a donde se necesite para cumplir los requerimientos de entrega de la producción sobre una base diaria.*

Canon centró sus esfuerzos en los dos primeros ítems – mediciones de rendimientos y actividades de mejora guiadas por contramaestres. (Un ejemplo de esto último se incluye en el capítulo 5, caso 5.3). Esta sección se centra en el primer ítem – medición del rendimiento con estándares científicos.

Fijación de estándares científicos. Durante el período de implantación del PAC en 1976, Canon hizo también un cambio en toda la compañía desde unos tiempos estándares basados en resultados registrados a tiempos estándares basados en el método de factor trabajo (WF).

Para establecer los tiempos estándares empleando el método WF y después mantener y actualizar el sistema, era de esperar que se precisase mucho trabajo, así que se estableció una «task force» para toda la compañía – la «Acción de nivelación ST ("standard time")». Quince personas de todas las fàbricas cooperaron en esta «task force» durante casi dos años y medio. Su tarea era general los datos necesarios para establecer los tiempos estándares de cada operación de montaje, mecanizado, y tratamiento de superficies.

---

* Takeji Kadota, *PAC: Ködo Seisansei no Himitsu {PAC: El secreto de una elevada productividad}*, Japan Management Association, 1970. Véase también "PAC – Performance Analysys and Control", Takeji Kadota, *The Journal of Industrial Engineering*, agosto, 1968, vol. XIX, nº 8

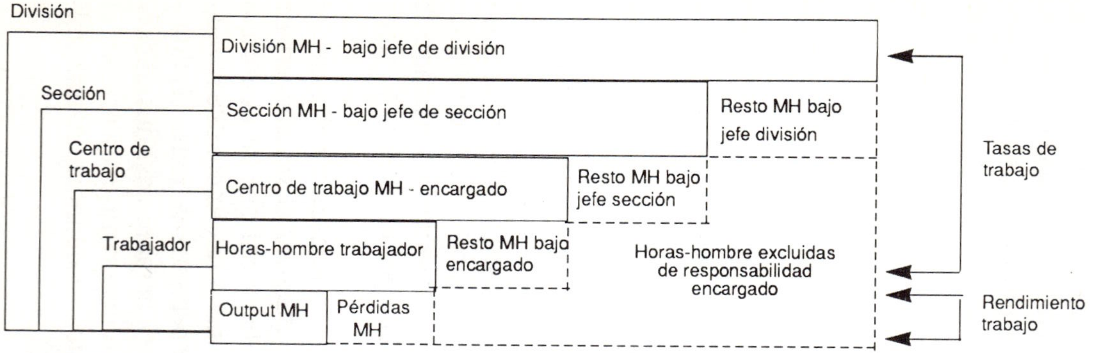

Rendimiento

1. Rendimiento a nivel encargado
(Rendimiento global del centro de trabajo)

= (tasa trabajo bajo E) x (rendimiento trabajador)

$$= \frac{\text{MH trabajadores} - \text{Resto MH bajo JD} - \text{Resto MH bajo JS} - \text{Resto MH bajo E}}{\text{MH trabajadores} - \text{Resto MH bajo JD} - \text{Resto MH bajo JS}}$$

$$\times \frac{\text{Output horas-hombre}}{\text{MH trabajadas} - \text{Resto MH bajo JD} - \text{Resto MH bajo JS} - \text{Resto MH bajo E}}$$

$$= \frac{\text{Output horas-hombre}}{\text{MH trabajadas} - \text{Resto MH bajo JD} - \text{Resto MH bajo JS}}$$

JS = jefe sección - JD = jefe división
E = encargado Mh = horas-hombre

2. Rendimiento a nivel jefe sección
(Rendimiento global sección)

= tasa trabajo bajo JS x rendimiento global centro de trabajo

= tasa trabajo bajo JS x rendimiento global bajo E x rendimiento trabajador

$$= \frac{\text{Output horas-hombre}}{\text{Mh trabajadas} - \text{Resto MH bajo JD}}$$

3. Rendimiento a nivel jefe división
(Rendimiento global división)

= tasa trabajo bajo JD x rendimiento global sección

= tasa trabajo bajo JD x tasa trabajo bajo JS x tasa trabajo bajo E x rendimiento trabajador

$$= \frac{\text{Output horas-hombre}}{\text{Horas-hombre trabajadas}}$$

Figura 8-25 Medición del rendimiento por cada nivel de trabajo

Una vez que se recogieron estos datos, los cálculos de los tiempos estándares WF llevaron muy poco tiempo. Estos tiempos han sido usados para establecer niveles uniformes de tiempos estándares a través de las diversas fábricas Canon. Durante el proceso de recoger los datos se adoptaron los mejores métodos encontrados entre todas las fábricas, de forma que los niveles establecidos fueran elevados.

Incremento de la productividad a través del rendimiento. Hasta el presente, en cada fábrica están asignadas de tres a diez personas para trabajar en los estándares de tiempo. Trabajan conjuntamente con los miembros del staff de producción responsables de mantener y manejar estándares. Los tiempos estándares establecidos, mantenidos y gestionados por estos miembros del staff se emplean para medir las realizaciones en cada centro de trabajo o fábrica (figura 8-25).

La ejecución se divide ampliamente en áreas de responsabilidad de trabajadores y encargados. Los informes de datos EDP con estas medidas se generan en formates diarios, semanales y mensuales. Los informes, junto con otros datos sobre productividad y progreso, se emplean por encargados y otro staff de dirección y supervisión. La información se emplea para la guía diaria, para actividades de mejora en la línea y en actividades cooperativas con departamentos indirectos.

Cuando se introdujo el PAC, se colocó un anuncio temporal sobre la implementación de mejoras en el trabajo para los niveles bajos de rendimiento. Esto representaba un alejamiento considerable de la práctica establecida de limitar los esfuerzos de mejora de la productividad a las actividades de control, implicando observaciones repetidas y guía por encargados y contramaestres. Desde el punto de vista de los supervisores, fue una tarea desagradable.

No obstante, la eliminación de despilfarro atribuible al PAC contabilizó alrededor del 30 por ciento de los resultados en el primer año de actividades de eliminación del despilfarro; en el año siguiente se contabilizó casi un 40 por ciento.

El PAC incrementó los rendimientos en Canon (su objetivo inicial) y ahora se aplica al mantenimiento del rendimiento en niveles elevados. Los cambios en la productividad después de la introducción del PAC se muestran en la figura 8-26. En un plazo de tres años, la productividad se incrementó en el 150 por ciento estabilizándose después en lo que se refiere solamente al rendimiento incrementado. Esto no incluye los efectos de las mejoras de trabajo (rendimiento global). Una vez que se habían incrementado los rendimientos, el anuncio sobre mejoras del trabajo se retiró pasando a primer plano y floreciendo la actividad de sugerencias de mejoras del trabajo.

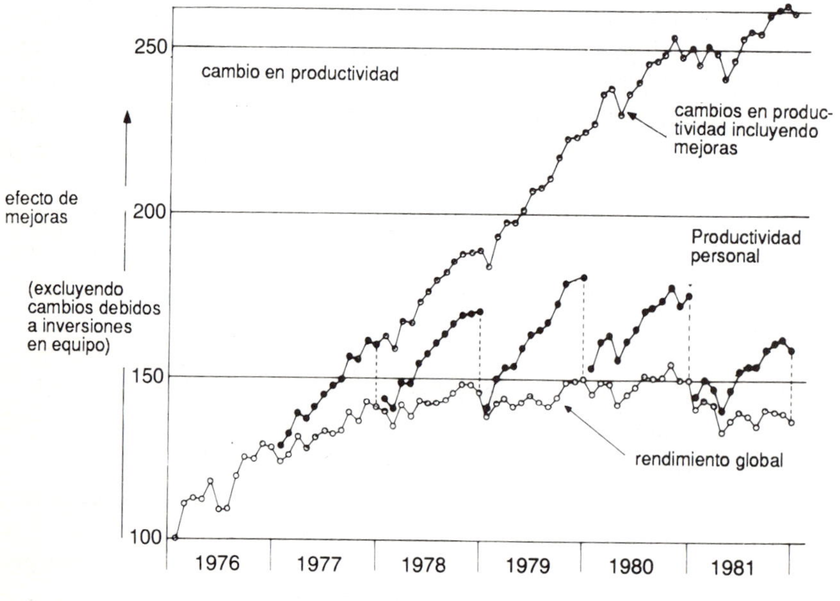

Figura 8-26 Incremento en productividad después de introducir el PAC

Actualmente, el análisis de pérdidas – la evaluación global de la productividad descrita en el capítulo 7 – se practica regularmente en cada centro de trabajo. Los esfuerzos analíticos, centrados en la planificación, para incrementar la productividad a través de los rendimientos, continúan acompañando los esfuerzos de Canon para incrementar la productividad a través de la mejora en los métodos de fabricación.

RESULTADOS GLOBALES DEL SISTEMA DE PRODUCCION HIT

La figura 8-27 muestra la reducción del trabajo en curso (materiales en proceso) en todo Canon después de la introducción del sistema HIT. La figura 8-28 resume el efecto global del sistema de producción HIT.

Canon ha experimentado un amplio rango de beneficios positivos como resultado de la implementación del HIT. La reducción de la cantidad de trabajo en curso ha incrementado la capacidad de Canon para responder al cambio – para satisfacer las demandas del mercado y las órdenes especiales y hacer ensayos de producción sin exceso de stocks. También ha reducido dramáticamente los costes relacionados con la gestión del trabajo en curso, porque se precisan menos personas, espacio y tiempo, para almacenar productos, manipularlos y contabilizarlos. Esto ha pavimentado la ruta hacia la producción sincronizada simplificando los procesos de control de producción a través de las funciones auto-regulativas y de ajuste fino de las tarjetas HIT.

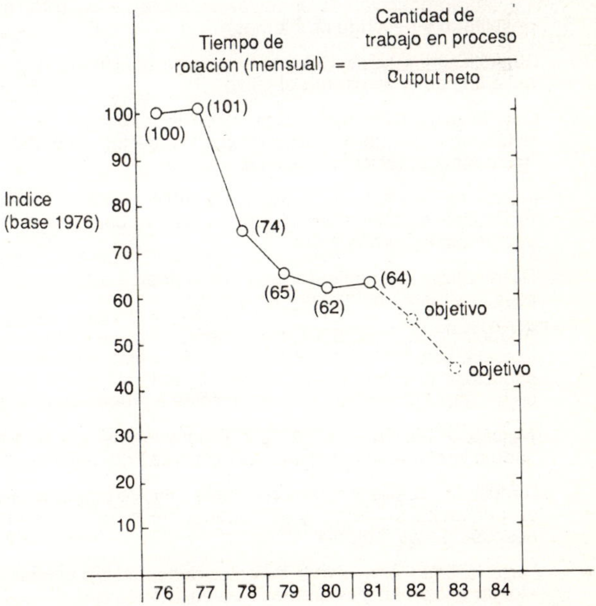

Figura 8-27 Reducciones de tiempo de rotación de trabajo en proceso

Resultados de la implementación HIT
• Incremento de la eficiencia en el uso de capital (carga de intereses, disponibilidad de fondos, costes de terrenos y espacio de fábricas). • Menor tiempo invertido gestionando el stock de trabajos en curso (gestión de productos, almacenaje, contabilidad y problemas súbitos, p.e., resolver faltas de piezas, etc.). • Mayor fiabilidad en la planificación)menos tiempo entre fijación y cumplimiento metas; menores, menos críticos cambios de planes). • Incrementada habilidad para responder a los cambios (satisfacción demandas mercado; ajuste de órdenes especiales y ensayos de producción sin stock en exceso). • Implantación de control visual (clarificación de los procesos que crean cuellos de botella; aprender a usar los puntos fuertes ocultos y a eliminar las debilidades latentes). • Productividad directiva incrementada (perfil de responsabilidad ampliado; habilidad para procesar más ítems). • Reducción de los procesos de control de producción a través de la producción sincronizada (control a través de las funciones autoregulativas y de ajuste fino de las tarjetas HIT). • La eliminación del despilfarro nos ha enseñado que: La sobreproducción es el mayor despilfarro – despilfarro que crea despilfarro y esconde problemas). Cuantificar y medir todas las formas de despilfarro – la reducción del coste es el verdadero objetivo. Usar la evaluación económica – con la reducción del coste como estándar, encontrar y utilizar los puntos fuertes escondidos, encontrar y eliminar los costes ocultos. Promover una fuerza de trabajo flexible – reducir despilfarros – redistribuir trabajo – reducir costes de personal por el hombre en vez de por la hora/hombre Sistematizar las configuraciones de la línea – a través del multiproceso, las tareas múltiples y los ciclos. Adoptar principios prácticos de diseño y uso de equipos – automatización; tasa de trabajo versus tasa de operación; evitar exceso de capacidad (y sobreproducción) empleando máquinas pequeñas de baja velocidad; empleo de mecanismos a prueba de errores. Mejorar el equipo – SOLAMENTE después de que se han investigado e implantado completamente mejoras del trabajo. Reducir los costes de personal – inicialmente planificando basados en pequeños números, y posteriormente a través de «feedback» después de las mejoras Parar la línea para evitar defectos y control de calidad – TSS – «tomar acción ahora», parando en posiciones fijas.

Figura 8-28 Beneficios globales del sistema HIT

Claves para la mejora fundamental

La sobreproducción es la forma de despilfarro más compleja y desafiante. Sin embargo, la reducción del trabajo en proceso, provee soluciones a muchos otros problemas. Promueve un entorno de trabajo en el que los recursos humanos pueden emplearse y desarrollarse plenamente.

Los vigorosos esfuerzos de Canon para eliminar el despilfarro refuerzan y verifican algunos importantes principios de la mejora constante. La reducción de costes no puede tener éxito a menos que todas las formas de despilfarro se cuantifiquen y midan. Y, una vez que cada uno se acostumbra a contemplar el despilfarro en términos mensurables, resulta obvio que la sobreproducción es la mayor forma de despilfarro, creando, sosteniendo y ocultando muchas otras formas de despilfarro.

El uso de la eliminación del despilfarro como estándar enseña a las personas a ser prácticas y sensibles en el uso de importantes recursos: personal, equipo y espacio. Para reducir el despilfarro de horas/hombre, el CPS promueve el desarrollo de una fuerza laboral flexible y centros de trabajo multiproceso, multitareas. Para reducir el despilfarro en equipos, el CPS compra y utiliza equipos sobre la base de las necesidades de producción más bien que de la capacidad intrínseca de cada máquina; las mejoras del equipo se hacen solamente después de que se han investigado minuciosamente todas las oportunidades de mejora del trabajo.

La dirección de la mejora global también resulta más eficiente. Se incrementa la precisión en la planificación, conforme el entrenamiento y la práctica continua resulta en cambios menores y menos críticos de los planes y se reduce al plazo entre la fijación y el cumplimiento de metas. Este énfasis en la planificación disciplinada tiene otro importante efecto colateral: los directores resultan más productivos. Sus responsabilidades se incrementan con el CPS, pero el énfasis en compartir la información, en la planificación y la instrucción mutua, incrementa la capacidad de los directores para manejar más cambios más eficientemente.

Este efecto en el lado «software» de la mejora ha reforzado la convicción de Canon de que el uso efectivo de recursos humanos es uno de los enfoques más fiables para una eliminación del despilfarro con éxito. La cuidadosa observación y planificación, la concentración del esfuerzo y una acción rápida para mantener los compromisos y evitar problemas – estos son los métodos que emplean los trabajadores de Canon para reducir los costes y, al mismo tiempo, ser más efectivos y responsables como personas.

9
El rol del CPS en la seguridad en la calidad en Canon

El sistema de seguridad de la calidad de Canon (QA) abarca a todos los departamentos desde desarrollo y producción a marketing. Además de los estándares de calidad, el sistema da a cada departamento un rol en el esfuerzo de calidad y establece canales de información para asegurar una implementación efectiva y la adhesión a los estándares.

Para conseguir calidad – reducir realmente los defectos a cero – se requieren mejoras dirigidas a todas las fuentes de defectos, donde el trabajo se ejecuta. El sistema QA de Canon y las regulaciones establecidas proveen una estructura para la seguridad en la calidad, pero son las actividades de reducción de defectos las que hacen que la estructura trabaje, como los músculos y articulaciones que mantienen unido el esqueleto. Este capítulo describe algunos de los muchos modos mediante los que el CPS promueve la reducción de defectos.

ESTABLECIMIENTO DE OFICINAS PARA ASEGURAR LA CALIDAD

En 1976, se establecieron en cada fábrica oficinas de seguridad de calidad para promover las actividades hacia el cero defectos. Al comienzo, representantes de cada fábrica se reunían una vez por semana en las oficinas centrales de la compañía para discutir como las oficinas QA podrían promover la acción. En estas reuniones se desarrolló una simple analogía para explicar dos roles importantes en seguridad de la calidad: «Prevención del incendio (defecto)» y «detección del incendio (defecto)». (Véase figura 9-1).

Departamento de incendios (guarda)	Departamento QA (persona QA)
Torre de vigilancia< →	Equipo de medida
Diseño de torre de vigilancia y equipo de observación →	Investigación, estudio y desarrollo de equipo de medida
Mantenimiento equipo y torre de vigilancia →	Corrección instrumentos de medición
Vigilando el territorio →	Verificando procesos de acuerdo a plan
Ocurrencia de fuego →	Ocurrencia de defectos
¿Qué bloque en qué calle? →	¿Qué procedimiento en qué proceso?
Construcción del edificio quemado →	Rediseño del proceso donde ocurren defectos
Tomas de agua, materiales peligrosos, densidad de población →	Información concerniente al contexto del proceso
Dirección del viento →	Entorno del trabajo
Techos de paja 100 metros más lejos →	Otros procesos, otras líneas de producción
Informar del fuego a la estación →	Enviar información sobre defectos a departamentos relevantes
Luchadores contra el fuego →	Departamentos de tecnología y fabricación
Actividad de prevención del fuego →	Contramedidas contra defectos

Figura 9-1 Departamento contra incendios y Departamento QA

EL ROL DE LA SEGURIDAD EN LA CALIDAD EN CANON

«Prevención de incendios (defectos)»

La prevención es el rol más importante del departamento contra incendios. Para prevenir las pérdidas del fuego, el departamento contra incendios provee equipo de seguridad contra el fuego y establece regulaciones. Conduce inspecciones in situ y difunde instrucción sobre seguridad contra incendios, p.e., manejo seguro de sopletes, almacenaje de combustibles o materiales explosivos, rutas de escape, etc. Del mismo modo, la oficina de seguridad de calidad debe evitar que ocurran defectos. Promueve que los productos se hagan apropiadamente desde el comienzo, fijando estándares, asegurando la adhesión a los mismos, y verificando los resultados.

«Detección del fuego (defecto)»

Idealmente, la calidad se fabrica en cada proceso de forma que cada pieza que se envie al proceso siguiente está 100 por cien libre de defectos. Sin embargo, en la hipótesis de que ocurra un defecto, la oficina de seguridad de la calidad debe tener la certidumbre de que esos defectos no se pasan por alto y se adoptan medidas para evitarlos en el futuro.

Este es rol del guarda en la torre de vigilancia contra el fuego. Siempre alerta, se asegura de que su equipo de observación es el mejor para su propósito y cuida de que se almacene y mantenga. Usa el equipo para observar el territorio desde la torre. Si surge un fuego, comunica a la estación de bomberos la localización precisa del mismo. También comunica otra información necesaria para atacar el fuego con efectividad: el tipo de construcción del edificio, la localización de las tomas de agua, la presencia de materiales peligrosos, la densidad de población, la dirección del viento, la temperatura y la humedad, y si los edificios cercanos pueden dañarse por las chispas o partículas incendiadas. Con esta información, los bomberos pueden partir para la escena con el apropiado equipo contrafuego.

Si el fuego queda fuera de control,el jefe de los bomberos pedirá asistencia de los departamentos contrafuego próximos. Una vez apagado el incendio, se desarrollará una investigación sobre las causas con todas las partes concernidas y se tomarán medidas para evitar fuegos similares en el futuro.

Del mismo modo, la oficina de seguridad de la calidad observa los procesos de producción, empleando instrumentos de medición fiables para reunir datos constantemente sobre la ocurrencia de defectos. Esta información ayuda a los departamentos técnicos y de producción a tomar contramedidas contra los defectos y facilita una rápida y cuidadosa investigación de las causas.

GRAFICOS DE FLUJO DE SEGURIDAD DE LA CALIDAD

Para cumplir estos dos roles, la oficina de la seguridad de la calidad emplea el *gráfico de flujo de seguridad de la calidad*, una herramienta de planificación diseñada para promover la calidad desde las primeras fases de la producción.

El gráfico de flujo QA divide el proceso de fabricación en características detalladas de calidad para componentes individuales. Estas características se expresan en la forma de valores. (Véase figura 9-2). Los gráficos de flujo también indican la clase de muestras precisas en cada proceso de fabricación para asegurar una calidad elevada; y, asimismo, las herramientas de medición a emplear y cómo, y dónde registrar los resultados.

En el gráfico de flujo, las cabeceras de columna pueden definirse como sigue (de izquierda a derecha):

- Un *proceso de fabricación* es cualquier operación que produce un cambio físico o químico en el ítem procesado. Ese cambio se mide para asegurar que se ha fabricado la calidad. Las operaciones tales como el lavado, el transporte y el almacenaje también se tratan como procesos que tienen una influencia en la calidad. En la práctica actual, esta columna se cumplimenta a partir del gráfico de flujo de montaje, el gráfico de proceso y otros documentos de planificación.

Canon A: ________________ Fecha preparación: 3/16/78

Preparado por ': Kikuchi

Diagrama de flujo QA Placa base contador exposición

Proceso fabricación	Trabajador, máquina Especif.estándares	Caracter. calidad	Valor característ.	Medición	Muestra	Registro
Calcado de base contador exposición	Estándar trabajo M-015-037	Fuerza calcado	1200 g-cm (1 minuto)	Calibre par (izq. 2 kg-cm)	$n = \frac{1}{1000}$	x – Rs
	Giro elevado	Inclinación punta husillo	0,02 mm o menos	Proyector 20 veces	$n = \frac{3}{1000}$	Hoja chequeo
	Centro de trabajo A	Proyección defec. calcado	0,1 mm o menos	Calibre dial	$n = \frac{5}{1000}$	Hoja datos
		Planicidad para base	0,1 mm o menos	Calibre dial	$n = \frac{5}{1000}$	$\bar{x}$ – R
Area estándar Medición área		Todas las caract. anteriores			Primeros productos n = 5	Hoja datos

Figura 9-2 Diagrama de flujo QA

- El *trabajador* es la persona que hace las mediciones. Dependiendo del grado de dificultad, la medición se asigna a trabajadores directos o indirectos, contramaestres , o personal QA.
- *Máquina* se refiere a la pieza específica del equipo, maquinaria o plantilla empleada en el proceso de fabricación.
- *Especificaciones estándar* se refiere al estándar de trabajo o número codificado del gráfico de proceso.
- *Características de calidad* son los ítems o áreas objeto de la evaluación de calidad.
- *Valor característico* se refiere al valor de la característica de calidad – una diferencia significativa que debe medirse – expresado en la unidad de medición, p.e., centímetros (cm), gramos (g), segundos (S), tempera-

tura (C) o relación (%). No se emplean expresiones subjetivas tales como «pieza buena» o «defectuosa».

- *Medición* se refiere al instrumentos de medición y método. Como el valor característico se cuantifica, se requieren instrumentos de medición que expresen un resultado numérico. No se emplea el método de «a ojo».
- La frecuencia del *muestreo* depende de la estabilidad del proceso particular (p.e., la tasa de inconsistencias, defectos, etc.). La inspección de los primeros productos se distingue de la inspección regular periódica.
- *Registro* refiere al nombre del registro o gráfico de control en el que los datos se registrarán. El uso de gráficos de control (especialmente $\overline{x}$ - R) se estimula activamente para obtener información cuantitativa sobre calidad.

Desarrollo y distribución de gráficos de control

Los gráficos de flujo QA son medios primarios para asegurar la calidad en Canon, de forma que son desarrollados en etapa temprana. Durante la fase de desarrollo del producto, la oficina QA reune información sobre características de calidad e investiga las técnicas de medida apropiadas. Cuando el gráfico de control está completo, la oficina QA de la fábrica verifica los instrumentos, mediciones y métodos de registro que se emplearán.

Los gráficos de flujo QA se distribuyen de manera que asegura una implementación efectiva. Antes de su distribucuón, un gráfico debe verificarse y ajustarse en operaciones de ensayo, cada provisión se explica cuidadosamente de forma que todos los implicados comprendan lo que se requiere. Las provisiones de los gráficos de flujo se incorporan de rutina en los estándares de trabajo de cada operación de forma que los trabajadores puedan entender y adherirse. Finalmente, una «red de información QA» asegura que los datos recogidos en los gráficos de flujo se envían al departamento responsable para tratar con ellos.

La red QA ha puesto la información de calidad en una forma que pueda entenderse por las personas de todos los niveles y funciones y ha elevado la preocupación respecto al control de las características de calidad críticas. La información se hace circular regularmente desde la oficina QA de cada fábrica al departamento de ingeniería y la oficina de dirección de la planta. A través de estas oficinas la información desciende en «feedback» específico hacia las áreas de trabajo. Los datos de rutina se circulan con un programa fijo, a veces mensualmente. Los datos sobre una pieza rechazada se circulan rápidamente, dependiendo del grado de emergencia que representen.

INSPECCIONES PARA ASEGURAR LA CALIDAD

Los estándares de calidad y los procedimientos de chequeo se establecen a través del gráfico de flujo. El próximo paso importante es asegurar que los datos reunidos se usan efectivamente – para garantizar que la calidad se fabrique continuamente, Las inspecciones QA responden a tres importantes cuestiones:

1. ¿Se siguen los procedimientos establecidos?
2. ¿Se adoptan medidas para evitar la recurrencia de defectos?
3. Se revisan los estándares una vez que se han introducido mejoras?

Estas cuestiones se responden realizando inspecciones en las siguientes cuatro áreas:

Estándares de trabajo. Los estándares de trabajo de cada proceso indican las condiciones y procedimientos requeridos para producir productos sin defectos. También identifican los puntos críticos. Se hacen inspecciones puntuales mientras el trabajo está en progreso para determinar si se están siguiendo los estándares.

Procesos inpeccionados Sección / Contramaestre	Evaluación global	Tasa adherencia a diag. flujo QA:......% Tasa seguimiento: ....% Tasa corrección: ....%	Tasa de estándar trabajo diseñado ......% Tasa de adherencia a estándares de trabajo ....%
1 QAFC (Diagrama flujo seg. calidad) 1. Chequeo ❑ ¿Chequeo de acuerdo con diagrama flujo? ❑ ¿Es correcto el número de muestras? ❑ ... ❑ ... 2. Datos ❑ ¿Se especifican las características en el QAFC? ❑ ¿Es correcto el número de muestras? ❑ ... 3. Muestras límite ❑ ¿Hay muestras fotográficas? ❑ ¿Hay muestras límite? ❑ ... ❑ ... 4. Instrumentos medición ❑ ¿Están presentes los instrumentos de medida especificados? ❑ ¿Se usan correctamente) 5. Medidas y contramedidas ❑ ¿Hay datos de anomalías?	**2. Estándares de trabajo** 1. Adherencia (estándares) ❑ ¿Se han establecido estándares trabajo? ❑ ¿Se han establecido estándares para condiciones de trabajo? 2, Adherencia (Operaciones) ❑ ¿Se realizan las operaciones con procedimientos estándares? ❑ ¿Es estable el proceso (sin cambios)? 3. Dirección controles ❑ ¿Hay marcas señal para estudio y aprobación? ❑ ¿Hay números de control? **3. Dirección por encargado de números medidos** 1. Dirección (control) ❑ ¿Se miden las características especificadas? ❑ ¿Se muestran (exhiben)? 2. Medidas y contramedidas ❑ ¿Se indican las anomalías con marcas rojas? ❑ ¿Se eliminan las anomalías persistentes?	**4. Mantenimiento preventivo** 1. Corrección ❑ ¿Están corregidos los instrumentos de medición? (presencia/au-' sencia de etiquetas y marcas de c orrección) ❑ ¿Se observan los límites de tiempo? ❑ ... ❑ ...	**5. Otros** 1. Items indicados en última inspección ❑ ¿Se han seguido las deficiencias? 2. TSS (adoptar acción ahora) ❑ ¿Hay adherencia a medidas y contramedidas que exigen TSS? 3. Clasificación ❑ ¿Se maneja bien la clasificación de piezas y productos? 4. Equipo de seguridad y bienestar ❑ ¿Funciona un sistema de control? ❑ ¿Se sigue? 5. Embalaje ❑ ¿Se emplea embalaje apropiado?
		Cómo conducir inspección Antes de inspección: 1. Identificar estándares relevantes 2. Estudiar informes/réplicas últ. inspec.	Durante inspección: 3. Explorar hechos cuidadosamente 4. No comentar sobre trabajo directamente.
		Clave: Tasa adherencia QAFC = seguimiento inst. QAFC – instrucciones QAFC Tasa seguimiento = mejoras – deficiencias indicadas Tasa corrección = instrumentos corregidos – instrumentos medición Tasa de estándares de trabajo diseñados = estándares – operaciones Tasa de adherencia a estándares trabajo = realizado según estándares – est.	

Figura 9-3 Formato muestra lista chequeo proceso inspección

Gráficos de flujo QA. Un segundo propósito de las inspecciones es determinar si los distintos rubros del gráfico de flujo QA se implementan en la manera prescrita. Sin embargo, en algunas operaciones, es difícil obtener una lectura numérica sobre algunas características de calidad – operaciones que usan adhesivos o lubricantes, por ejemplo. A pesar de estas limitaciones, se realizan en estas áreas rigurosas inspecciones de la cantidad y lugar de aplicación, métodos de almacenaje, período de efectividad, etc.

Control de valores medidos. Como parte del control de los valores medidos, la oficina QA indica a cada centro de trabajo qué características de calidad deben dirigirse por los gráficos de control $\bar{x}$ - R y cómo deben emplearse. Los gráficos de control no son simplemente colgados en un panel: su función de control debe ejecutarse completamente. Esto significa que los defectos se investigan en cuanto ocurren y se adoptan pasos para prevenir su recurrencia. Las inspecciones en este área confirman si se realizan rápidos procedimientos de seguimiento.

Control de instrumentos de medición. Los instrumentos de medición correctamente ajustados son esenciales para asegurar la calidad.Por esta razón, sólo se autorizan para uso instrumentos corregidos y certificados periódicamente por personal de control de instrumentos de medida. Las inspecciones conducidas en este área certifican qué instrumentos que precisan corrección no se emplean y que los instrumentos se guardan apropiadamente.

Las inspecciones en estas cuatro áreas se realizan usando la Lista de chequeo de inspección de procesos (figura 9-3), el Informe de inspección de procesos (figura 9-4) y la Hoja de respuesta de la inspección de proceso (figura 9-5).

Fábrica
Fukushima

Sección QA	Informe de proceso inspección		nº 81028
Proceso: A-1, sección 3ª de montaje, 4 B Encargado: Yasuda	Fecha de inspección: 13-14 Mayo 1981	Aprobación Imai	Inspector Kinoshita Tanabe

Evaluación global

El proceso completo en A-1, de 1B a 4B se ha completado durante el período de inspección.
La impresión resultante es que . . .

Resultados inspección

1 Diagrama flujo QA
(a) La cantidad de lubricación no se ha chequeado para cinco items.
(b) El tiempo límite para los instrumentos de medida se ha excedido en tres casos. Por favor corregir esto para seguir la medida de contro Gl de QA.

2. Estándares de trabajo
(a) No hay estándares de trabajo en . . . 2 items
(b) No se han seguido los estándares de trabajo en . . . 9 Items.

Figura 9-4 Informe del proceso de inspección - Formato muestra

Contestación a inspección	Jefe secc.	Encarg.
	Nakamura	Yasuda

1. Diagrama flujo QA 2. Estándares trabajo 3. Dirección por el contramaestre de los valores medidos

Item	Medidas y contramedidas (el programa diario puede mostrarse en un diagrama)	Programa diario	Persona respons.
1	(a) Aplicar la cantidad CH de lubricante	5/20	Abe
	(b) Ajuste del límite excedido en los instrumentos de medida de acuerdo a la medida QA de control G	6/8	Abe
2	(a) Diseñar estándares para tapa trasera, cierre lubricación, operación nivel CH		
	(b) Estándar nº 105 • inspección rechupe 45 grados 502 Ejecutar CH desde la derecha.	6/1	Yasuda
	•		

Figura 9-5 Contestación a inspección - Formato muestra

APLICACION EFECTIVA DE LA TECNOLOGIA DE PRODUCCION

En 1960, Canon fue la primera compañía que produjo en masa cámaras de alta calidad usando operaciones de montaje en cinta transportadora. Desde entonces, Canon ha ostentado consistentemente el liderazgo en el área de la tecnología de fabricación. Primeramente utilizó tecnología de plástico de alta precisión y producción automatizada en la cámara AE-1 (que comenzó la revolución de las cámaras electrónicas). Más recientemente, Canon introdujo un sistema de producción flexible para el negocio de mezcla de modelos de producción de máquinas y la tecnología submicrón empleada en la fabricación de semiconductores.

Sin embargo, cuando Canon vuelve a examinar el proceso de desarrollo, resulta claro que, a menudo, se ha despilfarrado tiempo y dinero, porque los científicos de la compañía no siempre han hecho uso del «expertise» de cada uno.

Por ejemplo, el departamento de producción estudia rutinariamente planes de desarrollo del producto. Decide qué procesos y métodos de producción se necesitan para producir un nuevo producto, en cantidades estables, a un coste apropiado, y con el requerido nivel de calidad. Una vez que se han definido las condiciones de fabricación óptimas, se dictan directrices para el staff de fabricación. Sin embargo, en el pasado, los desequilibrios en las cargas de trabajo a veces forzaban a los departamentos a realizar asignaciones extemporáneas del staff técnico mezclando ilógicamente personal veterano experimentado con nuevos empleados. Cuando el personal cambiaba, las directrices a menudo cambiaban también. Mezclas misceláneas como éstas, ocurrían repetidamente en algunos departamentos, lo que conducía a despilfarros en los arranques y a defectos. La diversificación en grupos de productos y la creación de fábricas adicionales ha incrementado la complejidad de la organización de la compañía. Ha llegado a ser crecientemente difícil el intercambio de información entre departamentos y fábricas.

El CPS ha traído a la compañía un cierto número de actividades diseñadas para mejorar la transferencia y aplicación de «know-how» de tecnología de la producción. Lo más significativo ha sido el desarrollo de estándares de tecnología de producción, para evitar defectos y asegurar la fiabilidad de las condiciones de fabricación, y el sistema de información de tecnología de la producción, un sistema de referencia de información documentada con computador.

Estándares de tecnología de la producción

Los estándares de tecnología de la producción de Canon ayudan a construir la calidad en la fábrica cuando se montan por primera vez los procesos, procedimientos y condiciones de fabricación. Basados en la capacidad de los procesos existentes, reducen la tendencia a apoyarse en una indefinida «experiencia» o intuición para juzgar los requerimientos.

Por ejemplo, las condiciones de fabricación afectan la calidad de la soldadura, lo que incluye la temperatura y forma de la punta del soldador, la duración de la aplicación de la soldadura, el tipo de soldadura y los ingredientes que fluyen. Los estándares de tecnología de la producción relacionados con la soldadura explican las relaciones de causa-efecto entre estos factores y las características de calidad de la soldadura – p.e., cómo y porqué ciertas condiciones producen ciertos resultados. Los estándares se organizan para uso general y se apoyan en datos tecnológicos.

Los estándares de tecnología de la producción ayudan a evitar defectos que ocurren durante la fabricación . También ayudan a asegurar la fiabilidad en las condiciones de fabricación relacionadas con defectos que pueden detectarse solamente después de la fabricación.

Hay dos enfoques para la fabricación: los métodos deductivos y los inductivos. Recientemente, se ha visto impulsado el método inductivo debido al rápido incremento en el *tempo* de la innovación tecnológica y la necesidad de cargas de trabajo eficientes en la experimentación relacionada con los estándares. La experimentación en laboratorio tiene límites y se concede mayor relieve a los datos y métodos reunidos en la

Compilación de tecnología para establecimiento de proceso

Clasificación medio-pequeño: P1-00

Plásticos generales – Uso general Pagina: 1 (00)

Número registro informac.	Fecha original complet.	Clasificación información	Función trabajo:	Abstracto:	Clasificación suplement.
8201-018	70-12	B	Q	*	A3

Resumen de resistencia de los disolventes de varios tipos de materiales (incluyendo artículos plásticos)

- Compilador: Cent.Tecn.Prod.) Oficina Desarrollo Plásticos 02288 Oda Teruhisa
- Núm. de páginas: 2 páginas
- Nivel aplicabilidad; –
- Permiso para reproducir: innecesario
- Ofic. responsable: Oficina central de la compañía

Este manual, tiene como objeto varios tipos de materiales termoplásticos (incluyendo artículos plásticos) y examina el grado en el que cada uno de ellos se ha disuelto después de empaparse durante 30 minutos en disolventes tales como alcohol etílico, bencina y disolvente para pintura y barniz. Los resultados se muestran en un gráfico por medio de círculos (para los resultados buenos) y x (para los resultados malos). Por medio de este gráfico se puede fácilmente seleccionar el disolvente más adecuado a usar en la limpieza de artículos plásticos pesadamente sucios.

8201-054	81-05	A	Q	*	A3.S3

Influencia sobre las características de los artículos plásticos de diferentes cantidades de fibra de vidrio añadidas al material PC:

- Compilado por: (Cent.Prod.Tecn.) Oficina Desarrollo Plásticos 17236 Shimura Seichi
- Núm. de páginas: 35 páginas
- Nivel aplicabilidad: –
- Permiso para reproducir: innecesario
- Ofic. responsable: Oficina de la compañía

Este estudio concierne al material PC, que actualmente se emplea en grandes cantidades de piezas hechas en Canon. Se ha hecho un análisis experimental para comprobar como se afecta con la adición de fibras de vidrio, particularmente cuando se aplica...

Figura 9-6 Muestra de abstracto de información de tecnología de fabricación

línea por encargados y trabajadores. Típicamente, el proceso de estandarización sigue esta pauta:

- Se infiere un estándar a partir de datos observados y recogidos al nivel de operaciones.
- El estándar propuesto se verifica y ajusta de acuerdo con los resultados observados.
- Se adopta el estándar cuando los resultados son estables y se ha confirmado la fiabilidad.

Sistema de información de tecnología de la producción

En una nueva tecnología, la información más importante casi siempre comienza como datos aislados pertenecientes a un área extremadamente estrecha. Todos los datos con valor tecnológico deben recogerse y guardarse para una estandarización futura, aún cuando en esta fase puedan ser fragmentarios e inapropiados para una amplia aplicación. Para establecer los fundamentos de la estandarización es esencial tener un sistema que pueda dirigir y clasificar todo el «know-how» tecnológico de la compañía.

El sistema de información tecnológica de Canon se basa en el método de referencia de la información técnica documentada. La información relacionada con la tecnología de la producción desarrollada a través de toda la compañía, sistemáticamente se recoge, edita y publica en forma de abstractos como parte del servicio de información global de la compañía. (Véase figura 9-6). Este servicio provee medios diarios de transferencia tecnológica e intercambio entre fábricas y departamentos. Al mismo tiempo, provee los datos de base para una estandarización futura.

Para conseguir una más eficiente circulación y aplicación de información, el servicio se ha convertido en un sistema EDP «on line». La figura 9-7 muestra el flujo operacional de este nuevo sistema de información.

CAMPAÑA PARA ELEVAR LAS CAPACIDADES DE LOS PROCESOS

Objetivos del incremento en la capacidad de los procesos en la producción de cámaras

Producir productos multiprofesionales, más pequeños y ligeros. Desde la introducción del CPS, Canon ha estado implicada en un significativo esfuerzo para incrementar la capacidad de los procesos, en parte como respuesta a la demanda de piezas de elevada precisión. Por ejemplo, hace diez años, se introdujeron las cámaras reflex de una sola lente, más pequeñas y ligeras y, más recientemente, funciones automáticas. Uno tras otro, se han introducido la exposición, el avance de la película, el rebobinado y el enfoque automáticos. Elevar la capacidad (cualitativa) de los procesos ha sido esencial para atender la creciente demanda de piezas de elevada precisión.

Eliminar ajustes en las operaciones de montaje. El montaje es la operación más costosa en la fabricación de cámaras en términos de trabajo, y las operaciones de ajuste, que dependen considerablemente del juicio humano, son una parte importante del montaje. Para eliminar estas operaciones, es primero necesario incrementar las capacidades de los procesos.

Reducir los defectos de montaje e incrementar la fiabilidad del producto. Conforme se incrementa la capacidad del proceso, decrecen los defectos de montaje, se reducen las operaciones de ajuste, y el trabajo puede simplificarse. Como el trabajo más simple también resulta en menos errores que las operaciones más complejas, los defectos se reducen aún más.

Adicionalmente, el «feedback» sobre las características de calidad ayuda a estimar la tasa de fallos del producto antes de su puesta en el mercado. Esta clase de «feedback» puede por sí solo incrementar la fiabilidad del producto.

Reducir el plazo de arranque de nuevos productos. El

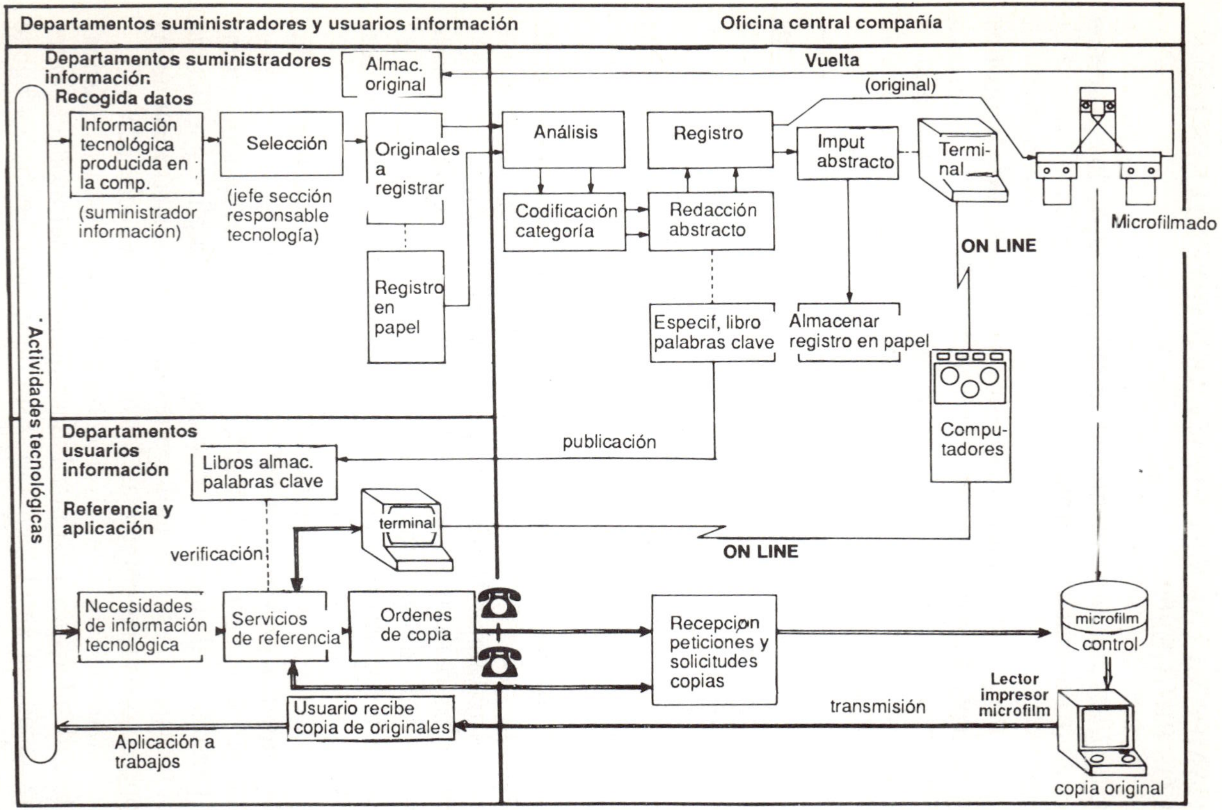

Figura 9.7 Flujo operacional del sistema de información de tecnología de producción

plazo de arranque de nuevos productos puede reducirse significativamente, una vez que está bajo control la capacidad de proceso sobre las piezas actuales. Comparando las piezas de los productos nuevos con las que se procesan actualmente, se distinguen fácilmente las piezas que pueden producirse con el equipo actual de las que requieren nuevos equipos o técnicas. Una vez que se ha hecho esta distinción, los puntos a observar se aclaran y el plazo de arranque puede reducirse.

Sistema de puntos de capacidad del proceso que estimula el compromiso y la competencia

Muchas personas encuentran que valores tales como «Cp» o «Cpk» (siglas que indican niveles de capacidad de proceso) son difíciles de entender aún cuando se muestre directamente como se han derivado los valores. Esta es una razón por la que el CPS ha introducido un sistema de evaluación simple utilizando puntos. La capacidad del proceso se indica por niveles de puntos desde 60 (fallo) hasta 80 (pasa) llegando a los 100 puntos, de forma que cualquiera puede, de una ojeada, evaluar la marca. Los puntos se basan sobre las cinco a diez características de calidad designadas para cada centro de trabajo en los gráficos de flujo QA. Los puntos evaluativos se calculan rápidamente, utilizando un microcomputador. (Véase figura 9-8). Los métodos para evaluar la capacidad de los procesos incluyen la distribución de frecuencias, la distribución normal y los gráficos de control. La mayoría de los datos usados en la evaluación de puntos se basan en los gráficos de control $\overline{x}$ - R. Los datos se analizan y a continuación se ordenan de acuerdo con los estándares de evaluación de la capacidad de procesos. (Figura 9-9). Los puntos de evaluación totales se emplean para promover la competencia entre centros de trabajo en la campaña de incremento de la capacidad de proceso.

El uso de este sistema ha enfatizado la importancia de la capacidad de los procesos y ha promovido las actividades para elevarla. Muchas fábricas emplean el sistema de puntos para ayudar a cumplimentar los requerimientos de una precisión más estricta en las piezas de los productos. Por ejemplo, el

Top Spec					Bottom Spec	
2304	2352	2400	2208	2400	2332.8	192
2208	2064	2400	2160	2256	2217.6	336
2160	2256	2112	2304	2352	2236.8	240
2208	2112	2112	2208	2256	2179.2	144
2400	2688	2208	2304	2304	2380.8	480
2304	2160	2304	2208	2112	2217.6	192
2160	2352	2160	2112	2304	2217.6	240
2160	2208	2448	2208	2160	2236.8	288
2352	2592	2112	2400	2400	2371.2	480
2208	2304	2400	2400	2304	2323.2	192
2112	2160	2256	2448	2256	2246.2	336
2208	2352	2112	2208	2208	2217.6	240
2400	2448	2352	2304	2304	2361.6	144
2400	2208	2256	2208	2112	2236.8	288
2448	2496	2304	2352	2544	2428.8	288
2256	2208	2352	2496	2496	2361.6	288
2592	2496	2496	2160	2448	2438.4	432
2256	2544	2448	2400	2448	2419.2	288
2448	2496	2496	2256	2304	2400	240
2112	2256	2256	2496	2352	2294.4	384
2304	2544	2448	2352	2544	2438.4	240
2688	2304	2400	2496	2160	2409.6	528
2496	2112	2208	2592	2496	2380.8	480

R = 2319.44	UCL = 2493.75	LCL = 2145.14
R = 300.52	UCL = 634.10	LCL =
Rx1/d2 = 129.20	Outside control limit	$\bar{x}$→0 R→

Max. = 2688	Min. = 2064	R = 624
N = 115	$\bar{x}$ = 2319.44	s = 142.53
	$\bar{x}$ + 3s = 2747.02	$\bar{x}$ − 3s = 1891.87

Cp = 0.94	Hcpk = 1.12	Lcpk = 0.75	K = − 20%
H = 2800	Zh = 3.37	Ph = 0.04%	
L = 2000	Zl = 2.24	Pl = 1.25%	**60**

Width of inclination = 50)

2663→	2712;	2
2613→	2662;	0
2563→	2612;	3
2513→	2562;	4
2463→	2512;	11
2413→	2462;	9
2363→	2412;	12
2313→	2362;	10
2263→	2312;	15
2213→	2262;	11
2163→	2212;	16
2113→	2162;	10
2063→	2112;	12

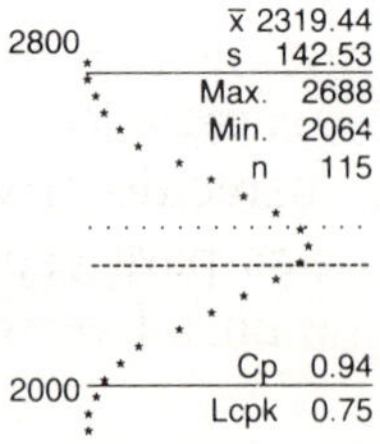

Figura 9-8 Evaluación por puntos calculada en microcomputador.

Nota: Véase gráfico 9-9 para explicación símbolos

objetivo continuo de una fábrica es elevar el valor de las características de 70 puntos al comienzo del año a 90 puntos al final de cada año. Las características que han alcanzado 100 puntos al final del año tienen claros puntos de control estandarizados, y este elevado nivel se juzga mantenible. En este punto, las características se eliminan como objetivos del sistema de puntos y, en su lugar, se colocan en el próximo año las características con las menores puntuaciones. Este proceso se repite un año tras otro. Adicionalmente, cuando se introduce nuevo equipo, se realizan tests con el estricto requerimiento de que debe alcanzarse una puntuación de 80 o más.

LA ACCION TSS – (¡PARE Y ADOPTE ACCION AHORA!)

La TSS es una importante técnica de dirección para asegurar la calidad del producto en Canon. TSS se deriva de las palabras japonesas *tomete* (pare), *sugu* (adelante), y *shochi o toru* (tome medidas). Cuando ocurre un problema:

T – pare la línea o la máquina.
S – inmediatamente y
S – tome medidas para corregirlo.

Parar la línea es conflictivo en un sistema de producción en masa tradicional que utilice cintas transportadoras. Excepto en circunstancias extremas, hay una tendencia a aparejar una solución de emergencia a los problemas conforme ocurren. Sin embargo, esto es parecido al viejo método campesino de batir el terreno con palos para espantar a los ratones. Un defecto puede descartarse en tal ocasión particular, pero invariablemente reaparece de nuevo. Todos se mantienen trabajando, pero, a largo plazo, los mismos remedios inefectivos se repiten una y otra vez, sin resultado positivo. La TSS es una de las ideas de los trabajadores de Canon para identificar y superar problemas de esta clase. Tradicionalmente, el trabajador no tenía autoridad para parar la línea – la TSS concede al trabaja-

elementos de juicio: Tasa de defectos P *(Cpk)*
NOTA: *CPK* es un índice de la capacidad del proceso basada en la evaluación de la inclinación de $\bar{X}$.

Estándares de juicio:

	Nº de puntos
P 0.03% ----→ (1.17 ≤ *Cpk*)→	100
0.03% < P ≤ 0.13 ----→ (1.00 ≤ *Cpk* < 1.17)→	80
0.13 < P ≤ 5 ----→ (0.55 ≤ *Cpk* < 1.00)→	60
5 < P ≤ 15 ----→ (0.35 ≤ *Cpk* < 0.55)→	40
15 < P ≤ 50 ----→ (0 ≤ *Cpk* < 0.35)→	20
50 < P ----→ (*Cpk* < 0)→	0

Método de cálculo: 1. Determinación de la tasa de defectos P: producida aplicando A a la expresión de la distribución regular.

$$Z_H = \frac{H - \bar{x}}{\sigma} \quad \text{y} \quad Z_L = \frac{\bar{x} - L}{\sigma}$$

$$Cpk = (1 - K)\,\frac{H - L}{6\sigma} \qquad \text{(k es el grado de la tendencia de } \bar{X}\text{)}$$

$$= \frac{H - \bar{x}}{3\sigma} \quad \text{o} \quad \frac{\bar{x} - L}{3\sigma} \qquad \text{(Se toma el valor más pequeño)}$$

Nota: Como la tasa de defectos es la suma de ambos lados, no corresponde perfectamente con *Cpk*

2. Determinación de K: K expresa el grado de inclinación de $\bar{X}$ respecto al centro de la especificación

$$K = \frac{\bar{x} - \frac{H + L}{2}}{\frac{H - L}{2}} \times 100 = \frac{2\,\bar{x} - H - L}{H - L} \times 100 = \frac{A}{B} \times 100$$

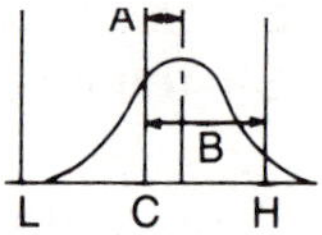

Nota: No expresada en el caso de especificaciones con un solo lado salvo en casos excepcionales

Ejemplo de evaluación: sección de fabricación 1 Centro de trabajo 1

N.º	Características de calidad	Puntos
1	15 ± 0.03	60
2	28 ± 0.03	80
:	:	:
10	4 ± 0.03	80
	Total	840

$$\text{Puntos evaluación} = \frac{\text{Total puntos}}{\text{Número de características}} = \frac{840}{10} = 84{,}0$$

La evaluación para el centro de trabajo 1, sección de fabricación 1, es 84 puntos en enero 1981

Figura 9-9 Juzgando y evaluando la capacidad del proceso

dor esa autoridad. La TSS es parte de un programa de control de calidad para evitar problemas en la fuente más bien que intentar captarlos después de que hayan ocurrido. Sin embargo, no puede funciona bien, a menos de que la dirección de la fábrica comprenda y apoye plenamente el programa.

«Pare la línea para que no haya que pararla de nuevo»

Parar la línea cuando ocurren problemas o anomalías no es el último objetivo de la TSS. Por el contrario, la línea se para en el momento en que un problema ocurre en orden a *eliminar* problemas, de forma que en el futuro la línea no tenga que volver a pararse.

En el contexto de la TSS una anomalía ocurre cuando:

- ocurren defectos en el proceso
- son defectuosas las piezas procedentes de los procesos previos
- no pueden seguirse las guías de trabajo
- no hay piezas
- se retrasa el trabajo en el propio proceso

En otras palabras, siempre que el trabajo no puede realizarse de acuerdo con los estándares de trabajo o los requerimientos de la producción, el trabajador para la línea. Sin embargo, los directores y supervisores deben hacer todo lo posible para anticipar o hacer surgir a la superficie los problemas con anterioridad, de forma que no necesite pararse la línea.

«Tome inmediatamente acción correctiva»

Si un problema *ocurre*, el trabajador para la línea y pulsa el conmutador del indicador de anomalía; suena una alarma y destellea una lámpara indicadora del problema de producción. (Véase figura 9-10). En este momento, el trabajo de un director

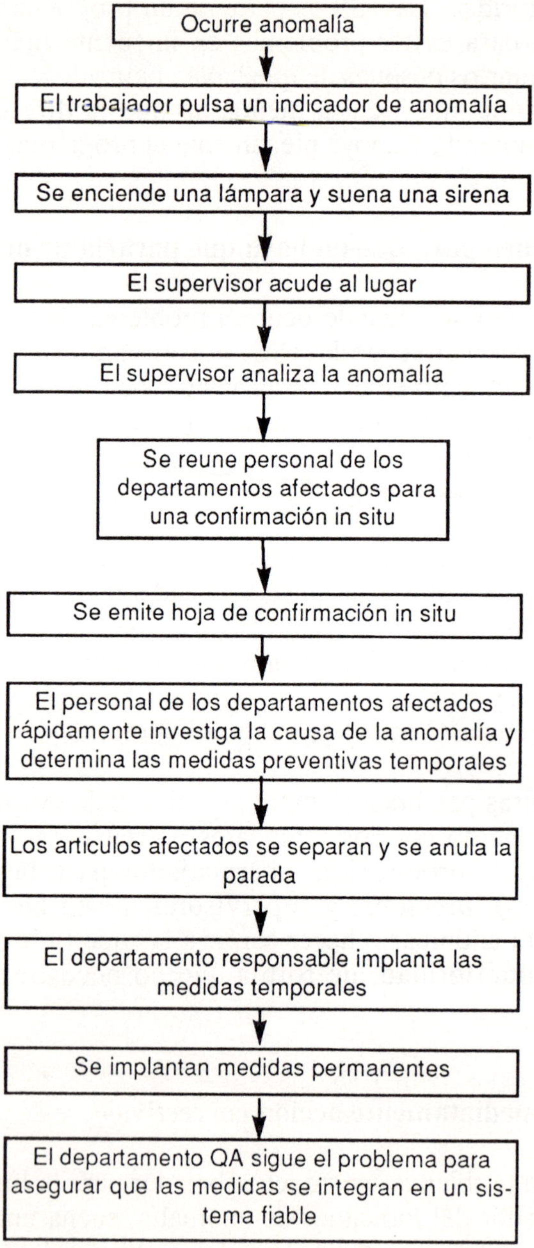

Figura 9-10 Flujo del sistema TSS

es resolver el problema rápidamente y adoptar una acción preventiva profunda, de forma que la línea no tenga que pararse de nuevo por el mismo problema.

La prevención de problemas debe ser parte de una estrategia global de dirección. Los esloganes TSS para la prevención son «corra a escena» y «confirmación en el punto».

- Los supervisores con responsabilidad de línea deben estar siempre presentes de forma que puedan «correr a la escena» tan pronto como pare la línea.
- Los departamentos que puedan estar implicados o afectados por un problema deben estar preparados para enviar a alguien al lugar para «confirmar en el punto» tan pronto como se indique una parada.

Cada parada de línea se documenta en el Formato de Confirmación TSS. (Figura 9-11). El defecto se describe, y su causa(s) se confirma por personal del departamento implicado o afectado por el problema. El documento debe también incluir una explicación de las medidas temporales o de emergencia adoptadas, las medidas permanentes planificadas, y quién es responsable. Esta información se circula a jefes de sección y división, así como a la oficina QA de la fábrica. La oficina QA realiza un seguimiento para determinar si las medidas adoptadas son efectivas y después devuelve el informe a la sección responsable. El seguimiento de este procedimiento asegura que las acciones adoptadas estarán basadas en hechos. Y la documentación completa de todo el proceso hace posible eliminar sistemáticamente la recurrencia de los problemas.

Los resultados de la TSS

Una vez que el sistema TSS se implantó plenamente, comenzó a cumplir sus funciones regularmente. Los problemas se descubrían más rápidamente, las contramedidas se implantaban con prontitud por los departamentos responsables, y las líneas se estabilizaban en un plazo más breve. Con la introduc-

Sección de línea	**Formato de confirmación TSS**			
Fecha:	Tiempo de parada	Lugar	Aprobado por:	Confirmado por:

Descripción defecto:

Datos sección:

Sección Jefe Asistente jefe

Medidas temporales:
(inmediatas)

1. Reconfirmación
   Quién:
   Resultados:

2. Acción en esta sección:
   Quién:
   Resultados:

3. Acción en otras secciones:
   Quién:
   Razones:

Causa del defecto:

Medidas permanentes: Fecha implantación Persona a cargo

Seguimiento medidas permanentes:

1. Persona a cargo:
2. Fecha esperada de terminación:

Ruta: Persona que confirma – Jefe sección – Jefe división – Oficina QA – Jefe sección.

Figura 9-11 Formato confirmación Nueva TSS

ción de la TSS, el tiempo de parada de la línea resultó ser uno de los indicadores diarios de dirección. Con el tiempo, decreció el período medio diario de parada de la línea. (Figura 9-12).

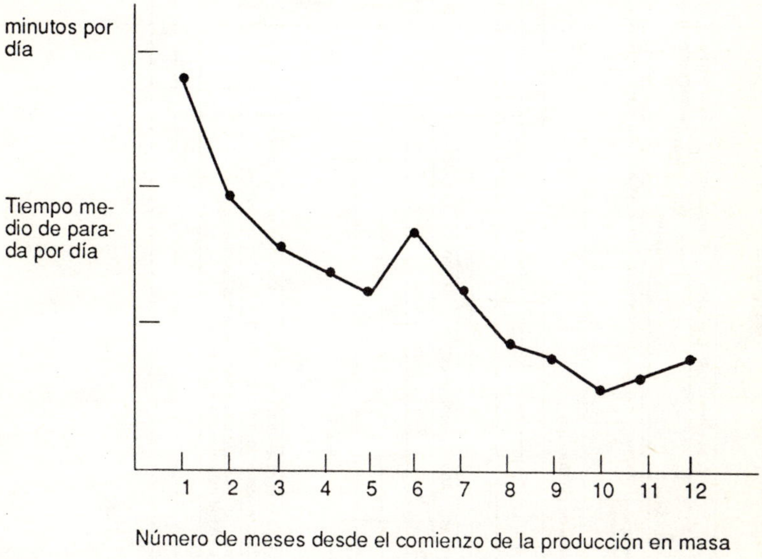

Figura 9-12 Tiempo de parada de línea para el producto A

SISTEMA DE CONSULTA PRELIMINAR PARA LOS PROVEEDORES

En Canon, del 70 al 80 por ciento de todas las piezas se aprovisionan desde proveedores. De esta forma, no es exagerado decir que la calidad de las piezas aprovisionadas desde el exterior determina la calidad de los productos de Canon. Por esta razón, la selección de las fábricas cooperadoras (proveedores que cooperan en el esfuerzo de calidad de Canon) es un asunto crucial. Adicionalmente, es también importante la consulta preliminar con relación a las especificaciones de calidad cuando se emiten pedidos a estos proveedores.

Cód. nº	Compañía
Corporación	

Investigación in situ/Evaluación global de la calidad de fábricas cooperadoras

Fecha de investigación:

(Efectiva para 1 año)

Representante	Fábrica principal	2ª fábrica)	Area (pies c.):	Nº edificios	Empleados		Fecha establecimiento	Fecha comienzo negocios
	Lugar	Lugar			Hombres: Mujeres:	Total:		

Mayor proveedor	Otros fabric. cámaras	Capital propio	Capital total	Benef. operac.	Ventas anuales	Ventas mensuales a Canon	Grado de dependencia de Canon	Tamagawa	Compras	Shimomaruko	Kosugi	Toride	Fukushima	Utsunomiya	Compañías afiliadas

Sistema de producción

Equipo	Maquinaria principal							
	Equipo principal							
	Caract. especiales equipo, maqs.							

A		Registro entregas: Año: Desde (mes):				a (mes):		Puntos evaluación (a)					b	Evaluación a × b Ponderac.
Puntos evaluación calidad plazos entrega	Elementos a investigar	Mes	Mes	Mes	Mes	Mes	Mes	Media	5	4	3	2	1	Pond.
	Tasa cumplimiento lotes													
	Tasa retrasos lotes													

B	Balance operaciones	Tasa beneficio	Items a chequear (¿Está la compañía aumentando sus beneficios satisfact. y operando con seguridad?)	Cambios en los últimos 5 años	5	4	3	2	1
	(Rentabilidad)	Tasa beneficio s/capital total	Beneficio anual operaciones/capital total x 100	(Resultado combinado de todas las operaciones el más elevado el mejor)					

C	Item	Lista de chequeo estado de fábrica	5	4	3	2	1	Peso	Evaluación
Operación	Estrategia operación	¿Estrategia operaciones a largo plazo?						4	
	Indicadores dirección operaciones	¿Fijar objetivos ambiciosos basados en visión operac. fundamental?						2	

D	Item	Lista de chequeo estado fábrica	5	4	3	2	1	Peso	Evaluación
Equipo	Equipo para racionalización y reducción tareas	¿No se exceden los presupuestos anuales de investig.						4	
	Capacidad para responder a aumentos/reducciones produc.	¿Se gestionan efectivamente el equipo y la capacidad de reserva?						2	

E	Item	Lista de chequeo estado fábrica	5	4	3	2	1	Peso	Evaluación
Tecnología	Tecnología única	¿Posee tecnología no conocida por otras compañías?						4	

F	Item	Lista de chequeo estado	5	4	3	2	1	Peso	Evaluación
Dirección	Dirección materiales	¿Almacenaje ordenado en buenas condiciones y bien etiquetado?						1	
	Plazo ejecución	¿Son posibles entregas en cantidades diarias?						4	

G	Item	Lista de chequeo estado fábrica	5	4	3	2	1	Peso	Evaluación
Dirección	Educación para desarrollo recursos	¿Realización de educación QC, etc.?						2	
	Auto-desarrollo	¿Se estimula auto-desarrollo con reuniones y entrenamiento						2	

H	Item	Lista de chequeo estado fábrica	5	4	3	2	1	Peso	Evaluación
Quality Assurance	Consultas preliminares respecto a la preparación comienzo	¿No se han omitido elementos en el Acuerdo Preliminar?						4	
	Personal seguridad calidad	¿Está registrado como técnico de control de calidad en Canon el personal QA?						2	
	Control y mantenimiento instrumentos medición	Establecidos registros control. ¿Están disponibles gráficos de referencia rápida para ajustes?						3	
	Ajuste: examen-estandarización	Chequeos/ajustes se hacen de acuerdo a estándares						2	
	Estándares de trabajo	¿Están estandarizadas todas las piezas sin omitir elementos para los pedidos recibidos?						4	

Fábrica implicada en promoción QA   Comienzo 19.....

A	B	C	D	E	F	G	H		
200	+ 150	+ 95	+ 120	+ 40	+ 95	+ 60	+ 240	=	$\frac{1000}{10}$

Evaluación total

	PX	MO
Capacidad para aceptar una orden inesperada		
Tiene la misma capacidad en equipo que esta compañia	SF	

A	85 o más
B	70-84
C	60-69
D	40-59
E	30 o menos

Rango basado en cuenta total

Evaluación	Evaluación	Evaluación	Concesión

Figura 9-13 Muestra de evaluación de calidad in situ

El personal de seguridad de calidad de Canon trabaja estrechamente con las fábricas cooperadoras para facilitarles los métodos de mejora y las técnicas de gestión de calidad desarrolladas con el CPS. Coordinan sus esfuerzos con el departamento de aprovisionamientos, que también se responsabiliza por la transferencia de técnicas de seguridad de la producción.

Evaluación global de los proveedores

Los requerimientos de calidad de la compañía se comprometen seriamente si un pedido demanda a una fábrica cooperadora algo que excede su capacidad (cualitativa).

Por esta razón, a intervalos fijos se realizan inspecciones puntuales y evaluaciones globales de los proveedores. Esta acción cubre áreas como la calidad, plazos de entrega, dirección, equipo, controles y seguridad de la calidad (gigura 9-13). las fábricas se evalúan de forma que puedan seleccionarse los proveedores apropiados sin que alguna orden exceda la capacidad actual de una fábrica cooperadora.

Consulta preliminar

Antes de emitir cualquier orden, se mantiene una consulta preliminar entre el proveedor seleccionado como fábrica cooperadora y personal de los departamentos de compras, tecnología de la producción, seguridad de la calidad y test de Canon. Con anterioridad a la consulta, se le dá al proveedor una hoja de consulta preliminar que provee información detallada concerniente a las piezas a pedir, p.e., códigos de pieza, denominación, proceso, coste, cantidad y volumen de las entregas. El proveedor prepara entonces un estudio de su equipo, métodos y procedimientos de fabricación, estándares de fabricación, etc. En la consulta preliminar, esta información sirve como punto de partida para resolver cualesquiera problemas o puntos no claros.

Las siguientes cuestiones relacionadas con la seguridad de la calidad se discuten extensamente y se acuerdan:

- funciones y calidad exigida al producto;
- uso y ajuste de instrumentos de medida y plantillas;
- métodos para reunir datos de calidad;
- estándares de tests de aceptación
- manipulación y embalaje
- personas a contactar en caso de problemas.

Guía y asistencia para seguridad de la calidad

La fábrica cooperadora prepara estándares de trabajo, realiza el trabajo de acuerdo con esos estándares, y confirma la calidad por medio de tests de proceso. El personal de Canon provee guía y asistencia en el uso de métodos estadísticos, controles y técnicas de mejora durante sesiones programadas regularmente o visitas de fábrica.

Con el tiempo, las fábricas cooperadoras que desarrollan un sólido sistema de seguridad de calidad y alcanzan grados consistentemente altos en los tests de aceptación, reciben un reconocimiento especial.

Claves para la mejora fundamental

Seguridad de la calidad significa una dedicación absoluta a la detección de defectos y a su prevención – en la fuente de los defectos

Alcanzar ésto requiere planificación y estandarización de todos los aspectos de la producción, desde la tecnología de la producción y métodos de trabajo a los procedimientos de inspección y el control mediante mediciones. Aún más importante es el compromiso de cada empleado en seguir los procedimientos y estándares establecidos y en adoptar acción inmediata cuando ocurren problemas. La inspección comprensiva ayuda a promover la adherencia. Las actividades de mejora integradas en el trabajo diario, tales como la TSS y la acción sobre la capacidad de los procesos, ayuda a establecer pautas para una resolución efectiva de los problemas. Finalmente, para evitar completamente los defectos de calidad en la fuente, el esfuerzo de seguridad de la calidad de la compañía debe extenderse también a los proveedores.

La fiabilidad de la calidad debe balancearse con costes razonables. la seguridad en los costes – a través del control de costes y las actividades de reducción de costes en los departamentos de diseño y producción – es el elemento tercero y final de la actividad de eliminación del despilfarro en el sistema de producción de Canon.

10
Asegurar los costes a través de las actividades de ingeniería de valores

CONTROL DE COSTES CONTINUO

En fabricación son indispensables los esfuerzos de control y reducción de costes. Aún antes de la inauguración del CPS, los departamentos de Canon cooperaban en actividades regulares relacionadas con un ciclo continuo de control de costes. (Figura 10-1)

Las reducciones de costes pueden hacerse bien mediante mejoras en los productos o mejoras en los métodos de producción. El segundo enfoque incluye la automatización, el ahorro de personal, la mejora del trabajo, el incremento de eficiencia del equipo o la tasa de trabajo, la reducción de gastos, el incremento del rendimiento y otras actividades realizadas durante la producción, tanto interior como exterior de la compañía. Estos son todos factores importantes en la reducción de costes. Sin embargo, como ya se han analizado anteriormente, este capítulo se centrará en la mejora del producto, a través de las actividades de la ingeniería de valores en los departamentos staff.

BENEFICIO DE FABRICA Y CONTROL DE COSTES DE FABRICACION DEL PRODUCTO

Canon ha adoptado un sistema de costes de fabricación

estándares. Al final de cada año, cada fábrica revisa los objetivos de mejora para el año siguiente y calcula un coste tentativo estándar de fabricación para cada producto. Estos cálculos tentativos se discuten por las fábricas y departamentos de dirección dentro de los grupos de producto.

Departamentos			Responsabilidad
Oficinas centrales	División contabilidad		Contabilidad financiera compañía, contabilidad de dirección
	Dirección planificación producción-Oficina promoción VE		Sistema de control de costes, tablas de costes
Grupos producto	Departamentos dirección contabilidad grupos producto		Planes de beneficios, etc.
	Departamento desarrollo, División CE		Control costes en fase desarrollo
	Fábrica	Contabilidad	Contabilidad y finanzas internas de fábrica
		Oficina CA	Control de costes en la fase de producción
		Departamento fabricación	Actividad reducción de costes

Nota 1: CE (Ingeniería de costes); VE (ingeniería de valores)
Nota 2: En algunos grupos de productos la División CE y la oficina CA no existen como organizaciones separadas. En tales grupos de productos, el personal responsable de los costes en los departamentos de desarrollo pertenece a las secciones de planificación y el personal responsble de los costes en departamentos de fábrica pertenece a las secciones de tecnología del producto

Figura 10-1 Departamentos concernidos por los costes

Después de hacer ajustes, se establece el coste de fabricvación estándar para el año entrante. Estos números de costes estándares y los planes de mejora para el mismo período sirven como base para el *importe de reevaluación* (un porcentaje de reducción) del coste de fabricación estándar. Esto es un asunto que se ajusta entre la fábrica y los directores de departamento de los grupos de producto. La contabilidad de la fábrica y los departamentos de dirección comparan sus planes y calculan la cantidad verosímil en que pueden reducirse los costes estándares. (La cantidad reevaluada es, en efecto, un avance de la actividad de reducción de costes proyectada. El coste de fabricación estándar ya reducido *–después del ajuste–* se emplea como valor de referencia para el año entrante).

Si los esfuerzos de mejora durante el año producen los resultados previstos o mejoras y se alcanzan los objetivos de reducción de costes, hay un beneficio para la fábrica. Si, por el contrario, las mejoras no pueden realizarse como se planeó, la fábrica queda en números rojos. Si la fábrica obtiene un beneficio o está en números rojos, es un índice fácil de entender. Ayuda a enfocar los esfuerzos de cada uno en las actividades de reducción de costes.

Control del coste de fabricación del producto

El beneficio de la fábrica depende del control de costes de fabricación de los productos. Para controlar y reducir los costes, se establecen planes de mejoras relacionadas con costes para cada producto al final de cada año para implementación en el año siguiente. Originalmente, esta planificación se realizaba exclusivamente en el interior de las fábricas. Con la llegada del CPS y el CDS (Canon Development System), sin embargo, los grupos de producto participan también. Ahora los diseñadores del producto toman parte regularmente en sesiones de «brainstorming» organizadas para general ideas de reducción de costes.

Tablas de costes

Las tablas de costes son una herramienta simple pero importante para la reducción de costes en Canon. Su función es estandarizar precios de pieza de proveedores y mantenerlos dentro de niveles apropiados y racionales. Las tablas se mantienen y ajustan para reflejar los avances en tecnología de producción y métodos de fabricación. Están particularmente detalladas para artículos tales como trabajos de prensa y torno y de frecuencia elevada como los plásticos. Analizando las discrepancias entre las condiciones establecidas en las tablas de costes y las situaciones actuales de los proveedores, Canon puede ayudar a introducir mejoras en las fábrica cooperadoras. Esta es justamente una de las muchas rutas de mejora para las fábricas cooperadoras. Las fábricas se visitan con regularidad, y dos veces cada año sus directores acuden a sesiones de estudio en las que se revisan las actividades de mejora de calidad y productividad de Canon.

El éxito de las actividades de reducción de costes depende en parte de la habilidad de las personas para hacer con facilidad y rapidez buenas estimaciones de costes. Por esta razón, las tablas de costes de Canon actualmente se están computerizando. Una vez que se reduce el tiempo de cálculo, las tablas podrán usarse por un grupo de personas mucho más amplio –por diseñadores de producto, técnicos de fábrica y otros–.

DESARROLLO DE SEGURIDAD DE COSTES FIABLE CON EL CPS

La tarea de desarrollar un sistema de seguridad de costes se asignó al Comité CPS de Promoción de la Eliminación del Despilfarro en Planificación. Su primera reacción fue probablemente, «Bien, ¿pero que es lo que tenemos que hacer además?». Se estaba practicando ya una forma de control de costes con éxito razonable. Se habían conseguido cada año razonablemente altos objetivos de reducción de costes bajo difíciles condiciones. Sin embargo, como resultado de sesiones

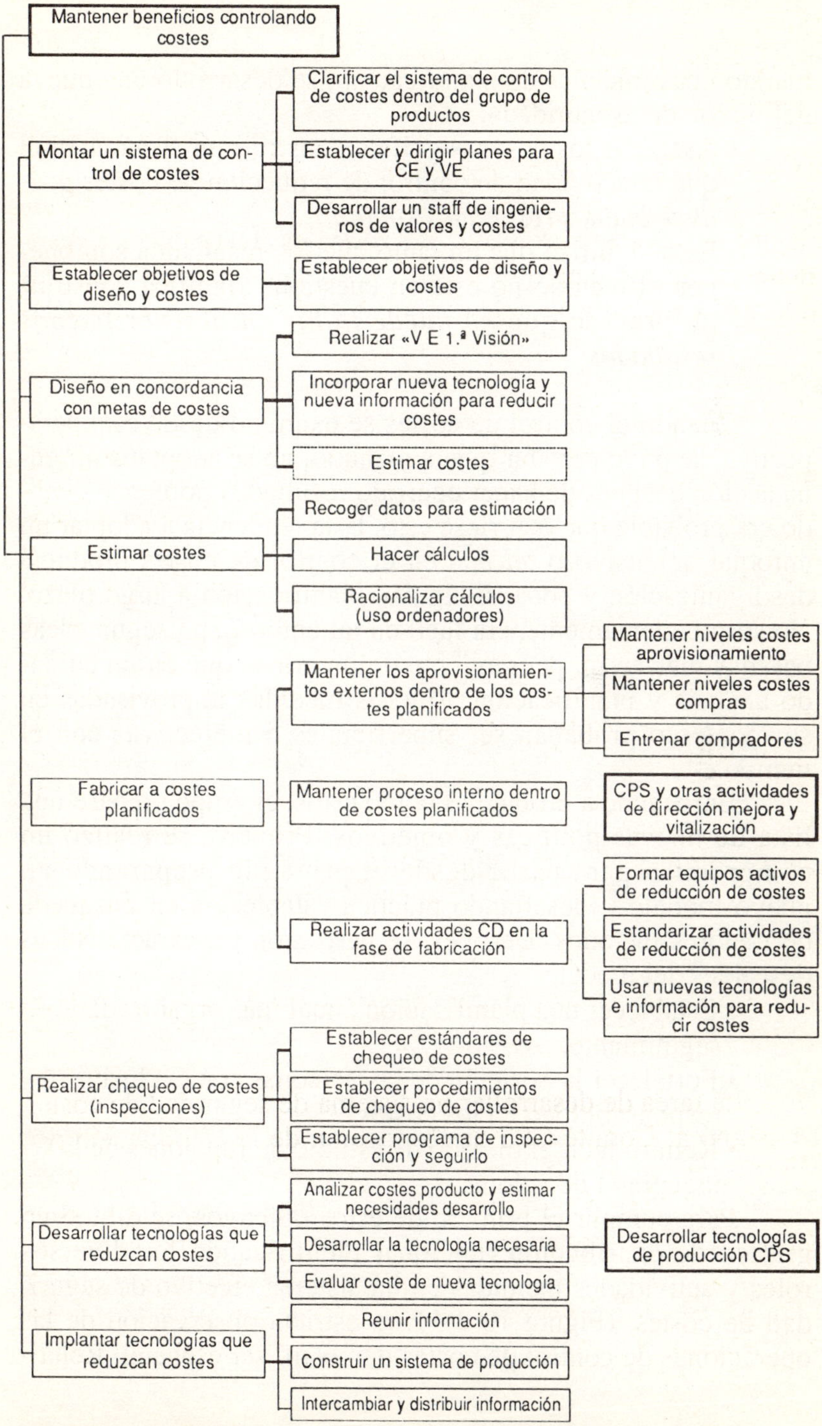

Notas: CD = reducción de costes – VE 1ª Visión = reducción de costes antes de arrancar la fabricación (en la fase diseño) -

Figura 10-2 Organización de funciones para promover la seguridad de los costes

maratónicas iniciales de planificación, se desarrolló una nueva definición de «seguridad»:

- Asegurar los costes significa construir un sistema en el que la actividad de control de reducción de costes *produce buenos resultados sin fallos.*
- Esto significa que en tanto que los resultados son buenos el método no esté en cuestión. Significa construir un proceso que *no puede fallar en obtener buenos resultados*

Cuando el control de costes se examinó desde esta perspectiva, se pudo percibir que, a menudo, no se adoptaba ninguna acción después de haber ocurrido resultados pobres, o cuando era probable que ocurriese esto. Esta tendencia a adoptar un enfoque defensivo o *ad hoc* en el control de costes producía desorganización y poca, si alguna, planificación a largo plazo. No sorprendentemente, era fácil en tal entorno, perseguir ideas basadas más en un pensamiento voluntarioso que en un cuidado análisis y planificación. Muchas medidas improvisadas en su momento probaban ser superficiales e inefectivas con el tiempo.

Enfocando a problemas como estos, el grupo preparó una lista de nuevas políticas y objetivos. Primero, se realizó un compromiso para partir desde el principio preparando un nuevo modelo – desafiando práctica establecida en búsqueda de mejores métodos. Después, se perfilaron las características deseables del modelo:

- Establecer una planificación anual más organizada y seguimiento.
- Fortalecer la posición de las personas con exclusiva responsabilidad en los costes.
- Reintroducir el método de estudio de funciones de la ingeniería de valores.

Para cumplir el primero de estos objetivos, se dibujó un gráfico de distribución funcional identificando los diversos roles y actividades incluidas en un sistema efectivo de seguridad de costes. (Figura 10-2). Esta estricta observación de las operaciones de control de costes demostró ser esencial. Relativamente se asignaron pocas personas a trabajar sobre costes a tiempo completo, y éstas dependían de otras para comprobar los rendimientos de los esfuerzos de control y reducción de costes. Pero, verdaderamente por esta razón, muchas personas en la compañía no apreciaban plenamente la importancia de la actividad de control de costes. Más importante, no apreciaban la significación de su propio rol en la consecución del éxito de la seguridad de costes. (Figura 10-3).

Durante este período, se revaluó también la educación sobre costes. El comité decidió que el sistema de control de costes debería apoyarse a través del desarrollo de recursos humanos y las actividades de entrenamiento de dirección. La educación y el entrenamiento hicieron posible dos importantes objetivos: imbuir en cada uno un entendimiento consistente y correcto de los costes, y hacer del cálculo de costes preciso un requerimiento fundamental de las operaciones (Véase figura 10-4).

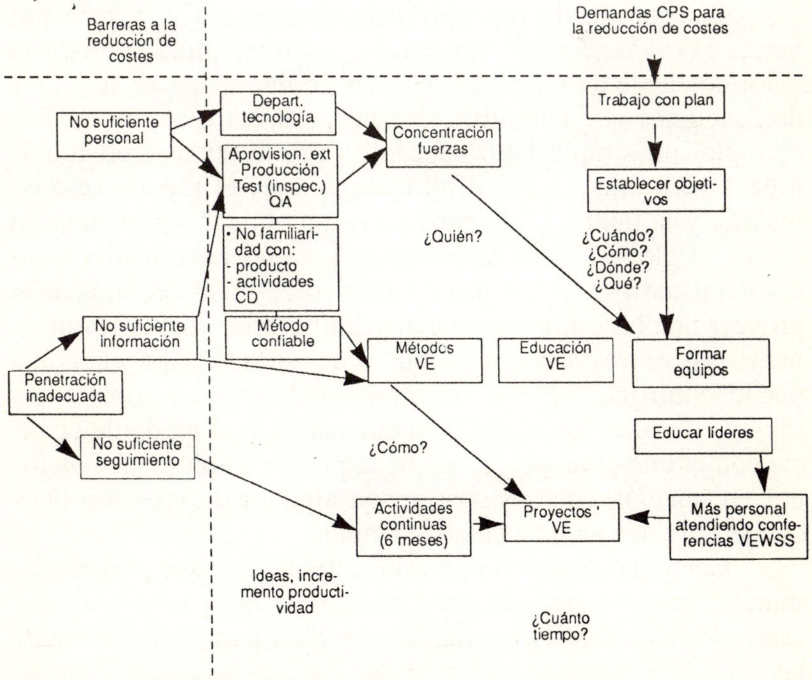

Figura 10-3 Necesidad de VE en Departamentos Producción

INTRODUCCION DE LA VE COMO ACTIVIDAD DE EQUIPO

La reducción de costes es una actividad de equipo o grupo que incluye muchas personas; para conseguir que trabaje, debe existir una estructura – un proceso establecido que pueda entender cada uno.

Aunque «partir desde el principio» pueda parecer un enfoque extremo, el comité deseaba crear una estructura tal – un procedimiento confiable para el control de costes y especialmente para los esfuerzos de reducción de costes. Su objetivo más importante era asegurar que estas actividades se *introducían* en desarrollo y producciòn más bien que permitir que continuasen sobre una base *ac hoc*. Después de un período de estudio y observación, el comité eligió adoptar el proceso de ingeniería de valores (VE) como la estructura básica para estas actividades.

El proceso de ingeniería de valores era atractivo por varias razones. En VE, un equipo interdisciplinario mide el valor corriente de un producto o sus componentes en términos de funciones que cumplimentan necesidades u objetivos. Por ejemplo, un simple lápiz mecánico puede tener ocho o más piezas discretas en el cilindro de agarre, el mecanismo de resorte, y la punta. Cada pieza sirve una función particular en el diseño global del lápiz, así como para las necesidades básicas del usuario. La caperuza de plástico del final del lápiz debe proveer una base firme para comprimir el mecanismo resorte y proyectar el vástago con la punta de escritura. La caperuza puede asimismo contener una goma de borrar. La importancia relativa de estas funciones para el usuario, o el grado de eficacia con el que el diseño actual de la pieza cumple estas funciones en relación con sus costes, son algunas de las cuestiones que se atienden en un análisis funcional.

El equipo desarrolla y evalúa alternativas que pueden eliminar o mejorar áreas de componentes de bajo valor y ajustar estas alternativas con los mejores medios para cumplimentarlas.

El enfoque de equipo para los estudios funcionales parecía atractivo porque era probable que estimulase el compromiso; el proceso VE en sí mismo estimula la presentación clara y comprensiva de muchas ideas. Y, como el proceso se guía por las preferencias de los clientes, resulta más fácil para todos aceptar y seguir sus bien establecidas prioridades. Finalmente la VE era una estructura fiable – el proceso se estandarizó e incluía un conjunto de bien definidos y detallados pasos.

Promoción de actividades VE

Como técnica de dirección, la VE tiene un amplio rango de aplicaciones en muchas áreas. Sin embargo, para evitar confusión, el CPS introdujo el proceso de ingeniería de valores en las fábricas Canon en una forma referida como la *Segunda Visión VE* – el análisis de reducción de costes del producto en la fase de fabricación. (Véase figura 10-5). Dentro de los departamentos de desarrollo (actividades CDS) el esfuerzo VE tomaba dos formas. En la *Visión 0 (cero) VE* los diseñadores del producto empleaban el enfoque del análisis funcional en las fases iniciales del desarrollo del producto, durante las operaciones de ensayo al nivel de componentes. En la *Primera Visión VE,* el análisis continuaba en la fase de planificación y ensayo del producto. (Nota del autor: el análisis funcional en Canon es un proceso más simple que el que se realiza en la VE norteamericana. Se realiza en dos etapas. Primero, se desarrolla un *escenario* de acuerdo con las funciones requeridas o garantizadas en un diagrama funcional (FAST) (denominado diagrama de funciones demandadas). Segundo, las partes del producto se clasifican por su función y se incorporan en el diagrama).

Usando estos diversos enfoques, la fábrica y los departamentos de desarrollo planifican e implementan la VE de acuerdo con sus propias necesidades. Sin embargo, también cooperan entre sí cuando los proyectos se solapan.

Los objetivos de la promoción VE

Después de introducir el CPS, el primer paso concreto

Sistema de educación en costes

Objetivos sistemas:

- Asegurar que todo el personal entienda los costes
- Hacer de los cálculos precisos de costes un requerimiento fundamental de todas las opertaciones

Nivel	Staff ingeniería de costes Actividades de desarrollo	Entrenamiento	Educación en costes básica
Director	• Promover VE y CD • Preparar Planes ejecución VE/CD Dirección planes beneficios para productos Planes de mejora global	• Dominio suficiente en CVS	• Entrenamiento en VE – Jefes sección
Supervisor	• Promover actividad de mejora como líderes proyectos VE y CD • Planific. proyectos VE y CD • Diseñar tablas de costes	• VE 2º grado • Dominio bastante en otras técnicas – ingeniería de sistemas, dirección de fábrica y diseño, etc.	• Teoría cálculo de costes (cálculo benef.) • Tablas de costes avanzadas (teoría y aplicación de tablas de costes, tablas de costes especiales).
General	• Preparar tablas de costes, estimaciones • Participar en VE/CD y otras actividades de mejora • Ganar experiencia en otros centros de trabajo • Realizar estudios de trabajo y tiempos estándares	• VE 3er. grado • Tecnología producto/producción • Ingeniería de costes • Otras técnicas – IE, OR, QC contabilidad, automatización, etc.	• VE 3er grado (25% personal indirecto departamento producción) • VE funcionamientos (50% personal indirecto departamento producción) • Educación en costes básica • Tablas de costes avanzadas

Notas: VE = ingeniería de valores; CD = Reducción de costes; IE = ingeniería industrial; OR = investigación de operaciones

Figura 10-4 Sistema de educación en costes

VE Visión 0 Sistema Canon	VE 1ª Visión (Fase diseño)	VE 2ª Visión Sistema Canon
1. Determinar el objetivo - una estrategia de producto basada en planes a medio plazo.	1. Determinar objetivo-diferencia entre meta de coste y condiciones actuales.	1. Resumir información
2. Estimar costes • Analizar tendencias mercado • Analizar productos Canon similares • Analizar productos competencia.		
3. Establecer meta de costes		
4. Asignar costes por funciones (análisis ya completo).		
5. Establecer importes objetivos de reducción de costes por función		
6. Diseñar esquema básico para el plan		
7. Definir funciones: Identificar funciones (por el método «escenario» - usando tarjetas) Diseñar diagrama funcional	2. Definir funciones: Identificar funciones (empleando artículos o planes actuales) Diseñar diagrama funcional	2. Análisis funcional (1) Definir función principal (2) Clarificar condiciones restrictivas (3) Desarrollar función principal (4) Definir funciones (5) Organizar funciones
8. Evaluación funcional • Pronosticar costes por función • Evaluar funciones • Revisar estimaciones costes	3. Evaluación funcional • Pronosticar costes por función • Evaluar func iones	3. Evaluación funcional (1) Pronosticar costes por función (2) Evaluar funciones (3) Seleccionar áreas meta
9. Diseñar alternativas (1) Generar ideas (2) Evaluar ideas) (3) Clasif. e identificar las ideas más prometedoras (4) Ordenar según factibilidad (5) Diseñar prototipos basadas en funciones principales	4. Diseñar alternativas (1) Generar ideas (2) Evaluar ideas (3) Ordenar e identificar ideas promisorias	4. Diseñar alternativas (1) Resumir y evaluar ideas (2) Ordenar ideas según factibilidad (3) Concretar las ideas (4) Refinar las ideas (5) Diseñar alternativas
10. Evaluar costes	5. Evaluar costes	5. Evaluar alternativas
11. Construir, verificar y refinar	6. Construir, verificar y refinar	6. Construir, verificar y refinar
12. Implementar y seguir	7. Implementar y seguir	7. Propuestas e informes
Grado de libertad de costes (probabilidades de CD)		Costes actuales

CD = reducción de costes

Figura 10-5 Pasos básicos para la actividad VE

Foto 10-1 Equipo aprendiendo VE en sesiones VEWSS (1)

Foto 10-2 Equipo aprendiendo VE en sesiones VEWSS (2)

del Comité fue desarrollar un programa de entrenamiento básico en VE («VEWSS» – Seminario de trabajo VE) y revitalizar las actividades de reducción de costes. Se establecieron objetivos a corto y largo plazo.

Objetivos a largo plazo

• Otorgar a la VE un rol central en el sistema de control de costes.

• Incorporar las reducciones de costes atribuibles a la VE en la planificación del beneficio y asegurar que se alcanzan.

• Estimular una aproximación a la reducción de costes en toda la compañía centrada en las funciones.

Objetivos a corto plazo

• Usar los conceptos y procesos VE en los esfuerzos CPS para eliminar el despilfarro en la planificación.

• Introducir la reducción de costes («Costes en descenso») como una actividad de equipo que debe realizarse continuamente.

• Introducir el enfoque de equipo VE en las fases de desarrollo y diseño.

VEWSS – Programa de seminarios de trabajo VE

Canon arregló el empleo de instructores del Instituto de Administración de Negocios para organizar cursos de 48 horas para el personal de Canon de ingeniería de valores. El curso se centró en la «Segunda Visión VE» para los productos ya existentes en la compañía dando énfasis al enfoque de trabajo en equipo. Las técnicas VE se enseñaron y aplicaron en proyectos actuales de reducción de costes seleccionados por la fábrica. (Las fotografías 10-1 y 10-2 dan una idea de la atmósfera informal de las sesiones).

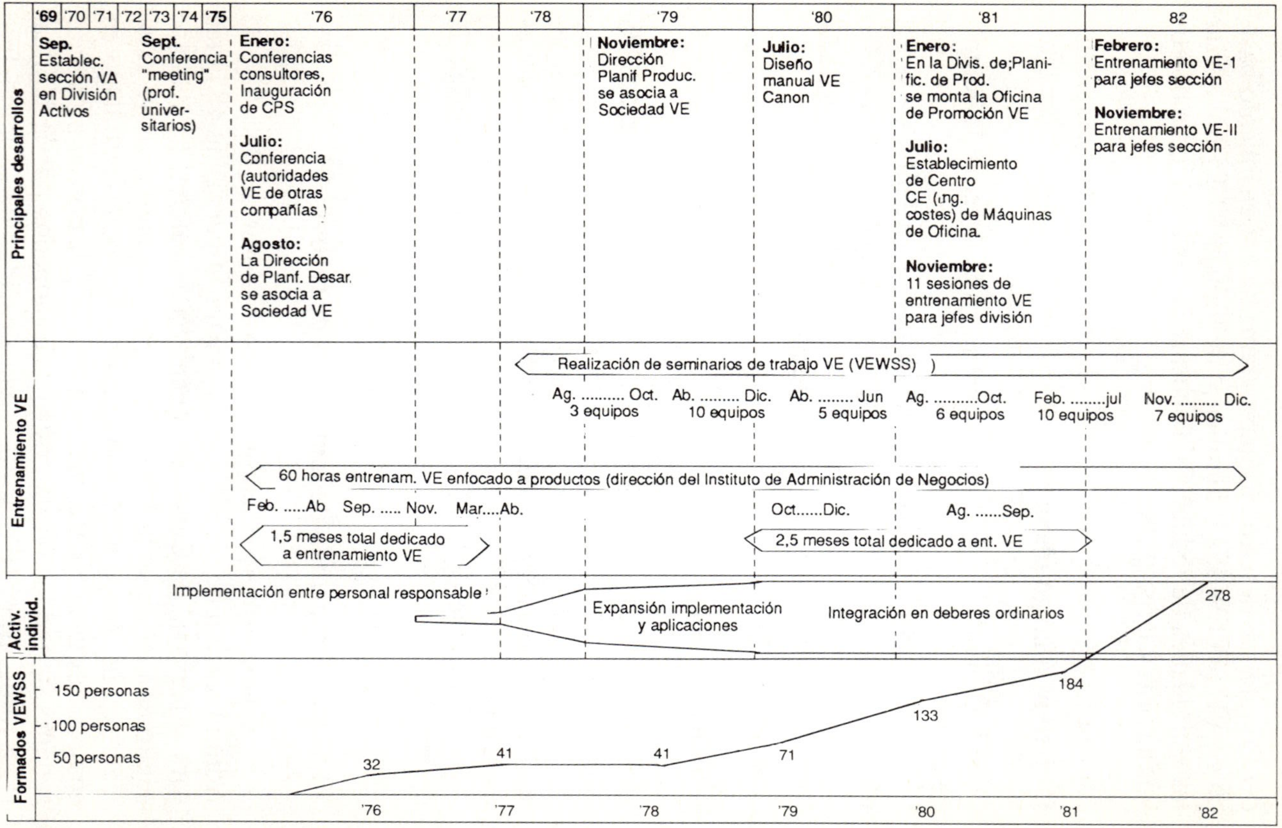

Figura 10-6 Historia del desarrollo VE en Canon

En tres años, 278 personas habían completado el curso en grupos de cuatro o cinco, recibiendo un diploma como Ingenieros de Valores Tercer Grado. Se mantuvieron sesiones de entrenamiento de sesenta y cuatro horas en los grupos de productos durante el mismo período, así como sesiones de entrenamiento para jefes de sección y división. (Figura 10-6). El despliegue completo de los programas de educación en VE se resume en la figura 10-7. Las actividades de educación en ingeniería de valores se sostuvieron regularmente con éxito hasta que como mínimo la mitad de los miembros del equipo entendieron plenamente el proceso. El objetivo actual de

Curso	Audiencia	Programa	Confeccionantes	Contenido
Entrernan VE (jefes división)	Directores fábrica	1 día 1 vez/año	Consultores externos Autoridades VE de otras compañías	Cponferencia especial sobre VE y costes
VEntrenamiento VE (jefes sección)	Fábrica/desarrollo turnos sección	3 días 2 veces/año	Consultores externos (Ins.Admon. Negocios)	Seminarios diseñados para enseñar software y hardware de VE • Cuando y cómo usar VE para mejorar resultados • Cómo implicar al staff en proyectos VE
VEWSS	General Meta = entrenar 50% más staff relevante	2,5 meses con 10 días de confección 2-3 veces/año	Consultores externos (Inst. Admon. Negocios) Staff compañía	Temas-proyectos seleccionados en fábrica. Formato seminario trabajo (Se adjudica VE 3º grado)
VE avanzada	Personal promotor VE en cada fábrica	4 días una vez/año	Igual que arriba	Personal con 3º grado VE aprende estrategias esenciales para juzgar actividades VE. El objetivo es entrenar para líderes proyecto VE. (Se adjudica 2º grado)
VE fundamental	General	4 días	Miembros staff compañía (2º grado VE)	Conferencias simples sobre fundamentos VE y conocimientos básico para staff fabricación
Proyectos VE		Cuando se precisa		Grupos de proyecto para entrenamiento en el trabajo. Estos grupos también conducen estudios enfocados a introducir nuevos métodos en la compañía

Canon es ampliar el perfil de la educación VE de forma que un mayor porcentaje de su personal está familiarizado con el proceso VE.

La VEWSS es el entrcnamiento básico CPS en reducción

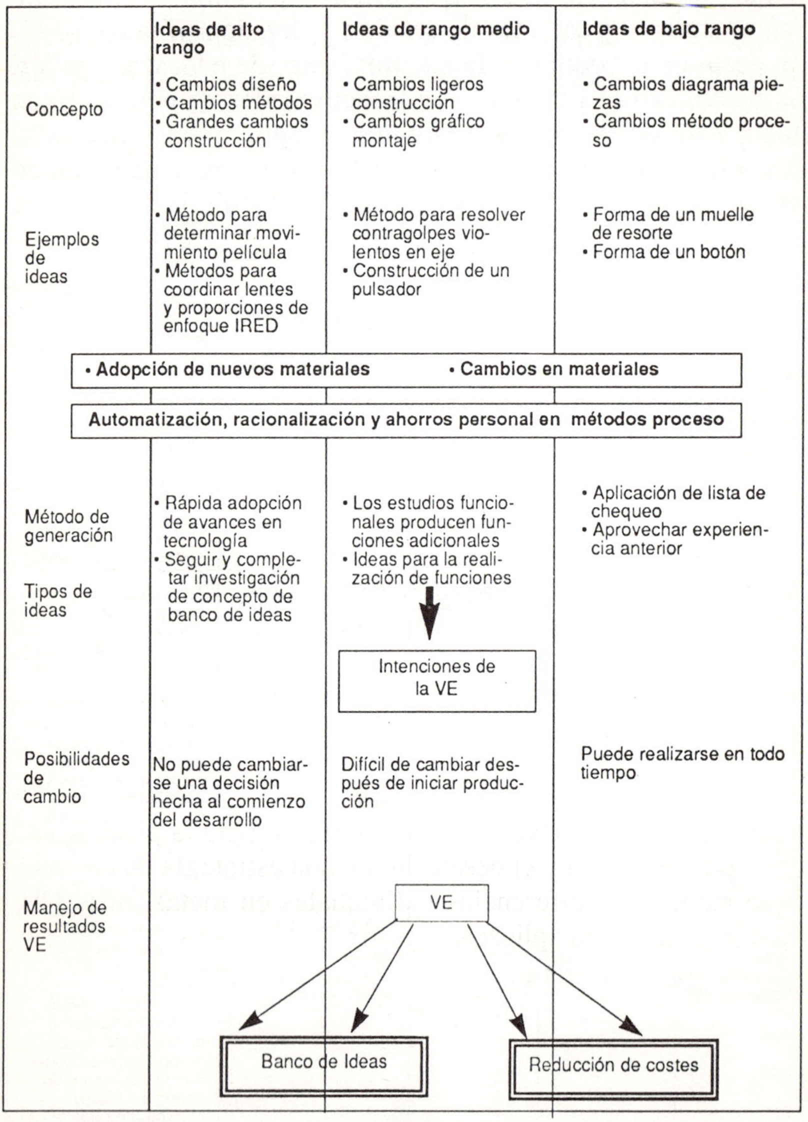

En la «VE Visión 0» y la «1ª Visión VE», la generación de ideas comienza con ideas de alto rango. El proceso de diseño se mantiene repitiendo el ciclo de «construcción de concepto básico – diseño detallado».

Figura 10-8 Segunda Visión VE – Objetos de la generación de ideas

de costes del personal de producción de las fábricas. Como su objeto es la reducción de costes en la fase de producción, el objetivo es la mejora media más bien que la mejora en gran escala. Los participantes aprenden la diferencia entre las ideas de rango bajo, medio y alto en reducción de costes y son estimulados a centrarse en aquellas que pueden implementarse durante la producción. (Véase figura 10-8). Este enfoque más estrecho ayuda a mantener simple y manejable el proceso, y dirigido hacia la aplicación. Sin embargo, cualesquiera ideas que se generan durante el entrenamiento para la implementación en la fase de diseño o para posterior desarrollo son clasificadas en un banco de ideas o en la apropiada división de desarrollo del producto.

DIRECCION DE VE Y ACTIVIDADES DE REDUCCION DE COSTES

La educación y el entrenamiento de VE no sirven a ningún propósito a menos que se conduzcan hacia aplicaciones actuales y objetivos de resultados. Hacer que se materialicen reducciones de costes en una gran compañía requiere «empuje» así como planificación, especialmente cuando las operaciones y condiciones difieren significativamente entre fábricas, departamentos de producción y compañías relacionadas con producción. Incluso si puede establecerse un enfoque uniforme, las restricciones de tiempo y personal podrían impedir su aplicación en muchos casos. En este orden de cosas se encontraron dos temas clave: el *ritmo* apropiado para la planificación e implementación y el desarrollo de una estrategia de dirección que respete las diferencias individuales en metas, métodos y profundidad de la aplicación.

Planes anuales para eliminar el despilfarro en planificación

Para establecer un ritmo apropiado para planificación, se diseñaron tablas de planificación para eliminación del despilfa-

Prod. objeto	Nombre equipo	Miembros	Fecha	Estrategia	Importes objetivo
A12 1234	• 2ª Visión A12 - 1234 Todas las unidades todas las piezas	(líderes) 4 personas	1982	• Implementar ideas generadas en 1981 • Evaluar mejoras de 1981 • Reuniones CD para ideas 1982	Reducción de costes: – 0,11 $/unidad Total unidades prod/año: 900 k unidaes Reducción de costes por año: 100.000 $
A12 1235	• 2ª Visión A12 - 1235 Todas las unidades todas las piezas	(líderes) 5 personas	1982	• Implementar ideas generadas en 1981 • Reuniones CD para ideas 1982	Reducción costes: –1,83 $ unidad Total unidades prod./año: 300 k unidades Reducción de costes por año: 550.000 $
B34 5678	• 1ª Visión B34 5678 Todas las unidades todas las piezas		1982	• Completar 1ª Visión CD (fase desarr.)	Reducción de costes: – 1,00 $/unidad Total unidades prod./año: 100 k unidades Reducción de costes por año: 100.000 $
B34 5679	• 1ª Visión B34 5679 Todas las unidades todas las piezas		1982	• Completar 1ª Visión CD (fase desarr.)	Reducción de costes: – 1,50 $/unidad Total unidades prod./año: 200 k unidades Reducción de costes por año: 300.000 $
B34 5680	• 2ª Visión B 34 5680 Todas las unidades todas las piezas	(líderes) 4 personas	1982	• Reuniones CD para ideas 1982 • Test ideas generadas en VEWSS	Reducción de costes: –0,40 $/unidad Total unidades prod./Año 200 k unidades Reducción de costes por año: 80.000 $
(x)	• 1ª Visión Todas las unidades todas las piezas	(líderes)	1982	• 1ª visión CD en la fase de desarrollo	No establecido aún = (+α)

Nota: En la sección x las actividades CD son continuas más bien que formas de mini-proyecto, (como consecuencia del período de implementación, la fórmula "reducción de coste por año" no se aplica).

TOTAL	1,13 millones $
Ventas:	17,1 millones $
Cantidad eliminación despilfarro / ventas	(2,4 = α) %

Figura 10-9 Gráfico de planificación para la eliminación del despilfarro CPS en planificación

farro CPS en planificación. (Véase figura 10-9). Estas tablas han hecho posible comprobar de una ojeada la continuidad de las actividades de reducción de costes en cada departamento en el que se ha implementado el CPS. En cada departamento, como regla, la generación de ideas se realiza hasta la fase de concreción y se completa para el final de cada año, y entonces las ideas se ponen en práctica al año siguiente.

En reducción de costes, la fase de generación de ideas es solamente el primer paso. Las ideas deben estudiarse y evaluarse según su factibilidad técnica, y deben hacerse piezas modelo para ensayos y tests adicionales. Ninguna propuesta puede implementarse hasta que está absolutamente confirmado que la idea trabaja. Y, es esencial que está absolutamente confirmado que la idea trabaja. Y, es esencial hacer un seguimiento fiable de este largo proceso.

Los métodos de seguimiento difieren algo entre fábricas y divisiones.. Sin embargo, en muchos casos, se mantienen reuniones una vez al mes para estudiar resultados actuales, y el progreso se registra en grandes gáficos de estatus. Ver reflejados sus propios nombres entre el personal responsable en los gráficos de planificación anual ha ayudado a reforzar el senti-

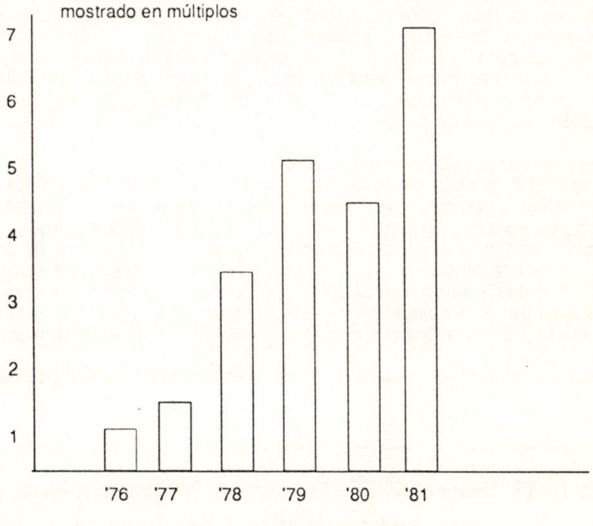

Figura 10-10 Resultados de la eliminación del despilfarro en planificación

TRANSFERENCIA DE TECNOLOGIA CPS

Actividades de reducción de costes para nuevos productos

Deseo aprovechar esta oportunidad para hablarles sobre los métodos y procedimientos que hemos estado utilizando en nuestras actividades de reducción de costes.

1. Reducción de costes antes del arranque de la fabricación (1ª Visión VE)
Los miembros del staff de la fábrica participan en la fase de desarrollo en las «task forces» de estudios de calidad y costes.
– Estimaciones, análisis y evaluación utilizando los diseños planeados... Se dividen los resultados de las estimaciones de costes en segmentos en términos de función, forma y proceso y entonces analizan las diferencias entre los costes estimados y los costes objetivo, empleando técnicas tales como la comparación con otros productos. De este modo son capaces de identificar las áreas problema y estudiar posibilidades de reducción de costes.
– Sesiones «maratón» de reducción de costes... Se mantienen sesiones «brainstorming», en las que especialistas del exterior invitados se agregan a la «task force». Sesiones maratonianas nocturnas que duran tres o cuatro días, se repiten de cinco a siete veces en la fechas previas al arranque de la fabvricación.
– La «task force» realiza tests y cambios de diseño para la búsqueda de reducciones de costes.
– El seguimiento de las fluctuaciones de costes se continúa hasta que el número final se envía a las oficinas centrales.

2. Reducción de costes después del arranque de la fabricación (2ª Visión VE)
Incluso después del arranque de la fabricación el número actual resultante puede ser mayor que el número final estimado, de forma que la reducción de costes debe empujarse adicionalmente.
– Formación de equipos de reducciones de costes dentro de la fábrica... En la 1ª Visión VE, el énfasis estuvo en los cambios de diseño, pero en la 2ª Visión VE el énfasis es en las mejoras basadas en el análisis y la evaluación de los costes anuales de fabricación. Los encargados y contramaestres participan como miembros del equipo, y la fuerza integrada de toda la fábrica se enfoca al problema.
– Reuniones mensuales para informar y estudiar resultados actuales... Si las ideas no se implementan, no tendrán efecto. Por tanto, todas las secciones requieren informes de progreso sobre el plan y prospecciones de futuro.

3., Para el futuro... La reducción de costes no es fácil
Es esencial que cada persona concernida continúe haciendo lenta pero regularmente reducciones de costes desde la fase de desarrollo hacia adelante. ¡Este es el modo de conseguir grandes resultados en reducción de costes!
– Estudio completo de los planos de diseño antes del arranque de la fabricación... Resolver tantos problemas de calidad en la fase de desarrollo como sea posible. Los problemas posteriores al arranque son un factor principal en las pérdidas post-arranque. Si la calidad no se estabiliza, los costes no se estabilizan.
– En el «brainstorming» de reducción de costes, mantener el énfasis en la función (conceptos VE).
– Implementar las reducciones de costes tan pronto como sea posible.

Figura 10-11 Descripción de las sesiones maratonianas de «brainstorming» en un periódico de la compañía

do de propósito de muchas personas. La figura 10-10 muestra los cambios anuales en la eliminación del despilfarro en planificación desde la introducción del CPS.

Sesiones de «brainstorming»

La generación de ideas para la reducción de costes adopta diversas formas, dependiendo del entorno y condiciones en un área dada. El «brainstorming» ha probado ser el modo más confiable para estimular el compromiso y asegurar una participación de calidad.

Los métodos de «brainstorming» incluyen:

- «Brainstrorming» dentro del proceso VE
- «Brainstorming» sobre una base *ad hoc* mientras se revisan planes o productos.
- Seleccionar varios temas tales como métodos de montaje, circuitos o elementos de unidades de construcción y asignarlos a grupos para «brainstorming»

El «brainstorming» puede incluir justamente una persona, un grupo de una sección de la división responsable de la tecnología del producto, o un grupo mixto que incluya departamentos dentro de la fábrica o la división de desarrollo.

Recientemente, han llegado a ser muy populares como actividades de reducción de costes las sesiones de «brainstorming» fuera del horario normal. Estas reuniones nocturnas se organizan usualmente en octubre o noviembre. Los participantes se reunen en locales dentro o fuera de la compañía. Rodeados de documentos y productos, mantienen discusiones y sesiones de «brainstorming» que terminan tarde durante la noche.

Esta técnica tiene un cierto número de ventajas. Como los participantes están fuera de sus actividades usuales, pueden concentrarse en generar ideas sin la interferencia de llamadas, ruidos e interrupciones. Las sesiones pueden concluir en un período relativamente corto, y esto hace más fácil incluir a personas de otros departamentos. Finalmente, a los participantes les encanta la tarea. Una muestra de este entusiasmo se ilustra en la figura 10-11. este es un extracto de un artículo sobre ac vidades de reducción de costes escrito por un individuo c responsabilidades de costes en una de las fábricas publicado un período de la compañía.

Ejemplo de la actividad de reducción de costes

La figura 10-12 ilustra un ejemplo de actividad de redu ción de costes realizada en las fábricas. Después de la plani cación, la oficina de la fábrica CA identifica el objeto de reducción de costes, establece cifras objetivo y reune los eq pos CD (reducción de costes). En sesiones fuera de horario realiza «brainstorming» por todos los miembros del equipo. I este caso, el seguimiento y la dirección de los resultados gestionaron a través de reuniones mensuales de estudio.

Promoción de la participación al nivel de desarrollo

Todas las actividades CPS están enfocadas hacia la producción, de forma que solamente es algo natural que las actividades de reducción de costes bajo el CPS se centren en la «Segunda Visión VE» –mejoras que pueden implementarse después de arrancar la producción. Sin embargo, desde una perspectiva global de compañía, la actividad de reducción de costes «aguas arriba» debe continuar conduciéndose del modo más efectivo posible.

En algunos grupos de producto, los cálculos de coste de producto en la fase desarrollo se realizan por personal de costes de la fábrica. En estos grupos, el personal de costes de la fábrica juega un rol central en las reuniones de reducciones de costes en la fase de desarrollo. Cada vez con más énfasis, se solicita al personal de fábrica que participe en las actividades de reducción de costes en la fase de diseño. Para estimular esta participación, los resultados de la «Primera Visión VE» se contabilizan como parte de los resultados globales CPS siempre que el personal de producción de la fábrica participa en el proyecto. Los resultados se cuentan como parte del beneficio CPS de la fábrica durante un año después del arranque de la producción.

1. Objeto de la VE
- Nombre producto : NP-A
- Precio venta : xxxx
- Visia lateral

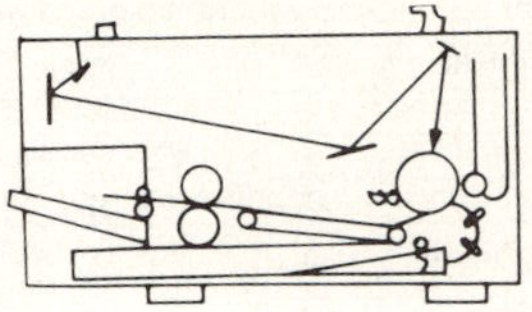

- Acabada 1ª Visión VE (fase diseño VE)

Características funcionales especiales del producto:
1. Velocidad de copia: 12 hojas/minuto
2. Modelo pequeño máquina PPC con soporte fijo para originales
3. Tiempo de espera 0 segundos
4. Baja energía (bajo consumo eléctrico)
5. Presión fija sobre papel corriente

Características especiales relacionadas con el proceso
1. Proceso sin coste o rectificado
   Aumentado uso de plástico moldeado
   Aumentado uso de placas prensadas de metal.

2. Números meta de CD (reducc. costes)

1º revisión (adición) (12/80)
- Adición para asegurar beneficio
- Recuperación aumento de revisión plan

2ª revisión (2/81)
Reducción debida a estimación revisión VE balanceada con aumento productividad

3ª revisión (4/81)
Reducción debida a estimación revisión VE balanceada con aumento productividad

	Nº plan inicial		Nº 1ª revisión		Nº 2ª revisión		Nº 3ª revisión
VE	15.4	+ 2.7	18.1	△ 0.3	17.8	△ 0.3	17.5
Aumento eficiencia	1.7	+ 0.3	2.0	+ 0.3	2.3	+ 0.3	2.6
Total	17.1		20.1		20.1		20.1

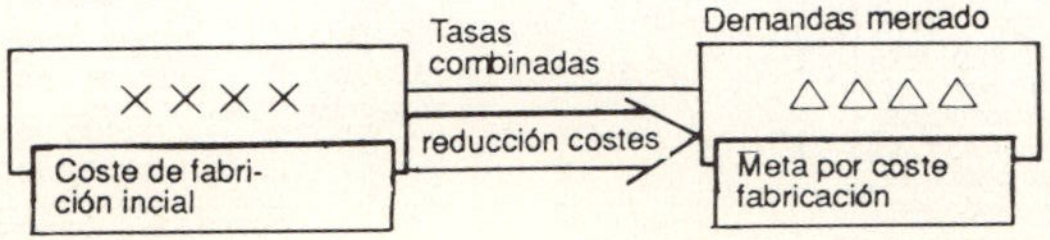

La cantidad de reducción se hace sobre la base de costes original, p.e., coste de producción menos costes generales combinados de la fabricación. Unid. 1000 Yenes

Ejemplos de propuestas de mejora implantadas

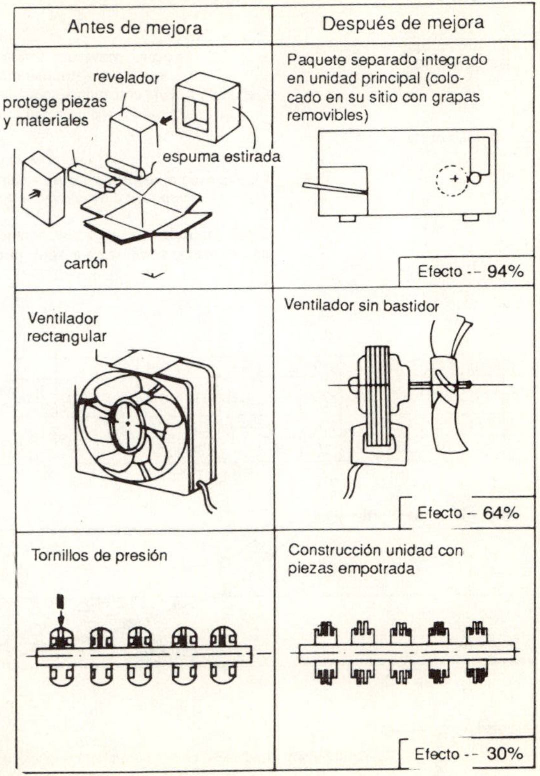

3. Programa reducción costes

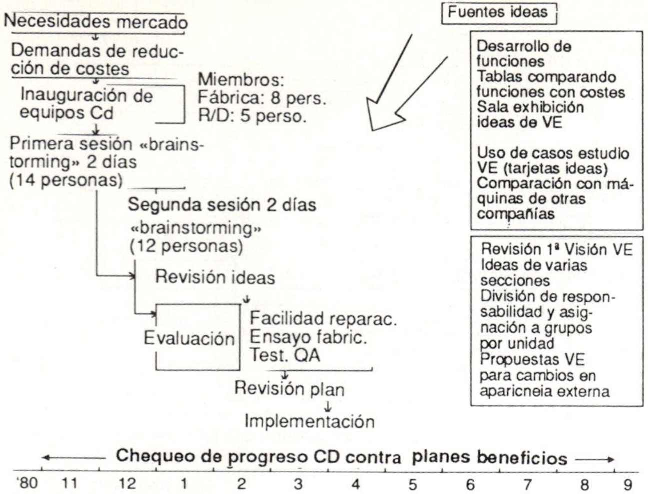

4. Number of Ideas and Rate of Implementation

Nivel dificultad

Grado de dificultad	Ideas: # Ideas	Ideas: Factibilidad	Ideas: Coste est.	Resultados actuales: # Ideas	Resultados actuales: Coste actual	Resultados actuales: Factibilidad
A: Ensay. fab. div. estud.	60	3109 × 0.9	= 2798	44	2107	0.68
B: Tesr neces. QA	93	22454 × 0.5	= 11227	50	11837	0.53
C*: Test neces. QA	52	13785 × 0.2	= 2757	17	3659	0.27
Total	205	39348	= 16782	111	17603	

*Incluye cambios apariencia externa rango C

5. Seguimiento y dirección de resultados

Cambios en cantidades resultados CD y costes fabricación actual

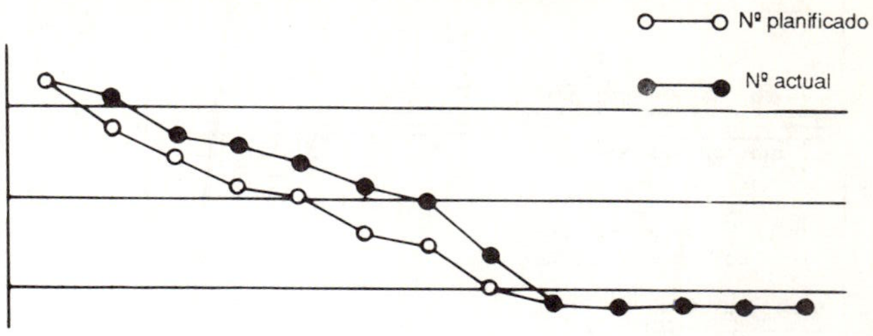

'81 / Comienzo		1	2	3	4	5	6	7	8	9	10	11	12
VE		0	3.5	3.7	4.6	7.5	8.1	12.8	17.6	17.6	17.6	17.6	17.6
Aumento productividad		1.5	1.7	1.8	2.1	2.3	2.6	2.6	2.6	2.6	2.6	2.6	2.6
Total		1.5	5.2	5.5	6.7	9.8	10.7	15.4	20.2	20.2	20.2	20.2	20.2

6. Desarrollo dirigido a otros tipos de máquinas

A. Items adoptados para NP-A y también reflejados en NP-B
1. Adopción de accionamiento AC lateral
2. **Ventilador enfriamiento sin cubierta para motor y aleta**
3. Menos sensores toner
4. Otros

Total xxx yenes

B. Items no adoptados en NP-A pero si en NP-B
1. Reemplazado fluorescente con lámpara halógena
2. Reemplazado engranaje sin fin por engranaje directo con motor principal
3. Otros.

Total ooo yenes
Para NP-B: Total ΔΔΔ yenes

Figura 10-12 Ejemplo actividad VE

CLAVES PARA LA MEJORA FUNDAMENTAL

La eliminación del despilfarro reduce los costes y añade valor a los productos sin inversiones de capital – incrementando los márgenes de beneficio de la compañía

Añadir valor a través de la eliminación del despilfarro es la estrategia fundamental de Canon para la mejora global – desde el diseño del producto a la entrega. Este capítulo se ha centrado en un aspecto singular, pero importante, de la seguridad de los costes – actividades para promover la mejora del producto a través de la ingeniería de valores. Sin embargo, cada actividad de mejora en Canon se dedica a la reducción de los costes.

Cuando contemplamos modos de mejorar, podemos considerar nuevos equipos, instalaciones y sistemas – y nuevo o menos personal. Sin embargo, el paso más innovativo de todos es emplear el máximo de los recursos disponibles haciendo mejoras para eliminar el despilfarro. Facilitando a cada persona de la compañía herramientas y entrenamiento en reducción de costes, todos pueden pensar y actuar con verdadera conciencia de los costes. Entonces, la actividad de reducción de costes llega a ser parte de la dirección y trabajo de cada día – una estrategia para la mejora continua – no justamente el tipo de medidas que podemos adoptar en una crisis,